好玩的科技馆丛书

# 科学认知世界

## ——儿童天地馆

广东科学中心　编著

科学出版社
北京

# 内 容 简 介

儿童是国家的未来，其创新思维能力的培养和发展，关系着国家的前途命运。本书首先根据广东科学中心儿童天地馆相关项目和设施，讲述了儿童可能看到的场景及活动；其次带领儿童认识自然，了解部分动植物及其生物特征；最后介绍了一些趣味小操作和科学故事，培养儿童的动手动脑能力，激发儿童的想象力和创造力。

本书取材广泛、内容通俗易懂、文字简练，适合广大儿童、青少年、科学爱好者及大众读者阅读。


**图书在版编目（CIP）数据**

科学认知世界：儿童天地馆 / 广东科学中心编著．—北京：科学出版社，2022.10

（好玩的科技馆丛书）

ISBN 978-7-03-073563-8

Ⅰ．①科…　Ⅱ．①广…　Ⅲ．①儿童－科学馆－广东－普及读物
Ⅳ．① N282.65-49

中国版本图书馆 CIP 数据核字 (2022) 第 196967 号

责任编辑：郭勇斌　彭婧煜　方昊圆 / 责任校对：张亚丹
责任印制：师艳茹 / 封面设计：黄华斌

科学出版社 出版
北京东黄城根北街16号
邮政编码:100717
http://www.sciencep.com
北京汇瑞嘉合文化发展有限公司 印刷
科学出版社发行　各地新华书店经销
*
2022年10月第　一　版　开本：720 × 1000　1/16
2022年10月第一次印刷　印张：8 1/2
字数：108 000

**定价：98.00元**

（如有印装质量问题，我社负责调换）

## “好玩的科技馆丛书”

## 编委会

# 前　言

《前汉书平话》卷下中可见：“吕女闲步至后园，见一小孩儿耍。”谢觉哉《由一个阶级变到另一个阶级》：“我也去过鄌县，那是严冬时候，张村驿、黑水寺等处，还有小孩在沟里捉鱼。”从古至今，在许多文学家的笔下，有小孩出现的地方都充满了欢乐和活力。

当孩子们小的时候，他们什么都喜欢往嘴里放，这是因为他们是通过口来认识世界的。等他们再长大一点，就喜欢用手来触摸一些东西。专家们认为，儿童是通过感觉去认识世界的，孩子在小的时候会通过自己的手和口去感知世界，从而在这个过程中发展智力，建立概念。为了帮助儿童认识身边的世界，传播科普知识，广东科学中心“儿童天地馆”根据 10 岁及以下年龄段儿童的特点和相关教育理论，从儿童的经验、观察视角及认知发展的规律等方面出发，通过互动游戏、角色扮演、情景体验等丰富多彩的形式，让儿童了解与日常生活和周围世界有关的浅显的科学知识，体验生活中的科学，从而丰富小朋友们的童年生活感受和经历，使其保持好奇心，激发他们的想象力和创造力，引发他们的学习兴趣和探索欲望。

儿童天地馆划分为四个区域，本书的编写与之相对应，分别为“我的家与居住小区”、“我的城市”、“我的世界”和“我的工作室”。第一篇主要介绍了人体的结构及在日常家居生活中儿童所能接触的部分设施；第二篇把生活范围扩大化，讲述儿童可能看到的场景及活动；第三篇带领儿童深入自然界，认识一些动植物及了解它们的生物特征；第四篇重点开发儿童的动手动脑能力，通过介绍一些趣味小操作和科学故事激发儿童的想象力和创造力。

希望本书能够帮助小朋友们了解自己和认识这个美丽的世界。

# 目　录

# 第二篇　我的城市

## 第三篇　我的世界

## 第四篇　我的工作室

我们来到这个世界，是这个世界的个体，而家是什么？家是我和父母等家庭核心成员组成的小群体，在小区中生活着许多户人家，共同构成了和谐友爱的大家庭。想要认识这个世界，我们应该从认识自己开始，再熟悉自己居住的小区环境，最后走出小区认识小区外的世界。那么，小朋友们平时有仔细留意自己身边的事物吗？你们知道怎么逛超市，怎么和其他小朋友进行沟通吗？下面就一起来探索吧。

# 第一篇

# 我的家与居住小区

# 第一章

# 了 解 自 己

# 人体透视

小朋友知道我们的身体的构造是怎样的吗？是否了解自己体内的“朋友们”呢？如果说我们的外表是一个人外在的体现，那么身体中那些内脏器官则维持着我们的生理功能正常运转。我们的一呼一吸、消化与否都与内脏器官紧密相关，先来认识一下它们吧。

我们的身体内有着许多器官，它们形态各异，分别承担着不同的角色，一起来看看它们分别有什么作用吧。

（1）**心脏的功能**：摸摸自己的胸口，那“砰砰跳”的就是心脏，它是血液输送中心，负责将我们的血液输送到身体内的各个地方。

（2）**肺的功能**：我们的呼吸与肺息息相关，它是气体交换站。一呼一吸中，肺帮助我们排出体内的二氧化碳，吸收来自外部的氧气。

（3）**肝脏的功能**：肝是人体内最大的腺体，呈现出红褐色。大部分位于右季肋区和腹上区，小部分位于左季肋区。具有分泌胆汁、参与代谢和防御等重要功能。

（4）**胃的功能**：我们将食物吞入后，食物经过食管就来到了胃这一器官中。胃具有容纳食物、分泌胃液和初步消化食物的功能。

（5）**肾的功能**：肾的主要功能是排出机体内的代谢产物和多余的水，调节体液中若干物质的浓度。人体在新陈代谢过程中会产生一系列并不需要的“垃圾”，这些“垃圾”会经肾的过滤形成尿液并排出。

## 人体内的声音

我们出生的那一刻，可能还没能看清眼前缤纷的世界，就已经能听到周围的声音了。除了外界，我们的身体也能发出一些声音。这些声音到底想告诉我们什么呢?

**想一想**：你听到的都是什么声音?

在呼吸的时候可以听到自己的呼吸音；在肚子饿的时候会听到肠胃蠕动发出的声音……这些都是来自人体的声音。

小朋友们可能都有过看病时被医生拿着听诊器诊断的经历，因为一旦人体的某些器官发生病变，正常的生理声音就会发生改变。经验丰富的医生借助听诊器可以辨别这些器官的生理声音和病理声音，初步诊断出疾病的种类和程度，为进一步的检查和诊断打下基础。

（1）**心脏发出心音**：心音指由心脏跳动发出的声音。

（2）**肺部发出呼吸音**：呼吸时，气流通过呼吸道和肺泡时，相互碰撞发出声响，这个声音传到体外后，即为呼吸音。

（3）**肠鸣音**：当肠管蠕动时，会产生一种断续的气过水声（或咕噜声），称为肠鸣音。人在饥饿或者饱腹的时候会较为频繁地出现肠鸣音。

（4）**脉搏跳动音**：我们能够探测到的脉搏多为可触摸到的动脉搏动。当大量血液进入动脉后，血管受到压力而扩张，在体表较浅处触摸动脉即可感受到此扩张。脉搏的声音难以被察觉到，但如果使用听诊器，就可以听到脉搏一下一下规律的跳动声，搏动有力且没有杂音出现。

# 解　剖　课

人体的骨骼支撑起我们身体的形态，而我们的一举一动都与身上的肌肉有关，它们分布在身体中的每个部位，与骨骼也是紧紧相连，通过解剖课好好认识一下这对好伙伴吧。

**想一想**：我们体内的骨骼、肌肉都发挥了怎样的作用?

## 一、人体的主要骨骼

骨是一种器官，一般认为成人有206块骨，不同的骨头具有不同的形

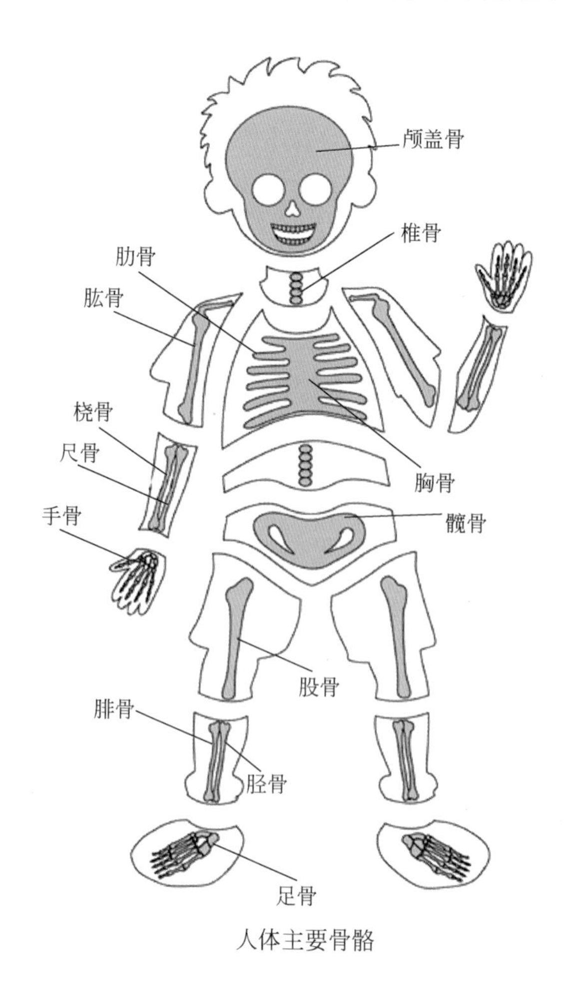


人体主要骨骼

态和功能。小朋友如果经常进行体育锻炼可以促进骨的良好发育和生长，使自己更快长高。长期不活动自己的筋骨则有可能会导致骨质疏松。

### （一）骨的形态分类

骨有不同的形态，根据形状不同可以分为长骨、短骨、扁骨和不规则骨四类。

（1）长骨：管状，分布于我们的四肢。长骨有一较长的骨头体和两端的骺。骺表面光滑，活体状态时有关节软骨覆盖。

（2）短骨：形态呈立方体，多成群分布于连接牢固且较灵活的部位。

（3）扁骨：呈现扁平的板状。主要构成颅腔、胸腔和盆腔的壁，对腔内器官具有保护作用，如颅盖骨、胸骨、肋骨等。

（4）不规则骨：形态不规则的骨，如椎骨等。

### （二）骨部位的分类

**1. 中轴骨骼**

中轴骨骼包括躯干骨和颅骨。其中，躯干骨包括24块游离椎骨、1块骶骨、1块尾骨、1块胸骨和12对肋骨；颅骨由29块形状、大小不一的骨块组成，主要分为上部的脑颅（头部）和下部的面颅（面部）。

**2. 上肢骨**

上肢骨包括上肢带骨和自由上肢骨，两侧共计64块。其中，上肢带骨包括锁骨和肩胛骨；自由上肢骨包括肱骨、桡骨、尺骨和手骨。

**3. 下肢骨**

下肢骨由下肢带骨和自由下肢骨组成，每侧31块，共62块。其中，下肢带骨由一对髋骨构成，包括髂骨、坐骨和耻骨；自由下肢骨可分为近侧部的股骨，中间部的胫骨、腓骨和髌骨，以及远侧部的足骨三部分。

## 二、肌肉

肌肉主要由肌肉组织构成。

（一）肌肉的分类

**1. 骨骼肌**

骨骼肌是我们可以看到和感觉到的肌肉类型。当健身者通过锻炼增加肌肉力量时，锻炼的其实就是骨骼肌，它一般附着在骨骼上。

**2. 平滑肌**

平滑肌主要存在于消化道、血管、膀胱、呼吸道和女性的子宫中，它们能够长时间拉紧和维持张力。这种肌肉受自主神经支配，不随我们的意志进行收缩。

**3. 心肌**

心肌是分布于心壁和邻近心脏的大血管壁上的肌组织，最大的特征是具有较强的耐力且较为坚固。它可以像平滑肌那样有限地进行伸展，也可以像骨骼肌那样有足够的力量进行收缩。心跳就是由心肌有规律地收缩而产生的。

（二）肌肉的作用

（1）具有连接身体和执行身体动作的功能，如果没有肌肉，我们就不能通过神经系统完成动作，也不能带动骨头运动。

（2）保护骨骼且能够减轻击打、碰撞给骨骼带来的冲击。

（3）起到身体塑形和美观的作用。

## 感觉实验室

对于食物，我们可以品尝它们的味道；对于美景，我们可以尽收眼底铭记在心；对于物品，我们可以触摸感受它们的材料和质感；对于花朵，我们可以通过闻香味来识别品种。味觉、视觉、触觉、嗅觉是我们认识世界最为直接的感觉方式，主导它们的器官在感觉形成的过程中自然功不可没。

## 一、味觉站

**想一想**：食物放在舌头的哪些部位可以尝出不一样的味道?

味觉是指食物在人的口腔内，对位于口腔内的味觉器官化学感受系统进行刺激后产生的一种感觉。最基本的味觉有酸、甜、苦、咸四种，我们平常尝到的各种味道，其实是这四种味觉混合的结果。不同的舌头部位尝出的味道是不一样的，正所谓“小小舌头功能全，能品酸甜苦和咸。甜甜的味道在舌尖。咸味酸味在两边，前面咸，后面酸。若想要知苦不苦，则需放在舌根间”。

味觉形成机理：人的舌头上有着许多味蕾，味蕾中味细胞顶部微绒毛上有着各种味细胞的受体蛋白，这些受体蛋白非常敏感，会被不同的味道激活，继而引发神经细胞兴奋，兴奋最后投射到大脑皮层而产生不一样的味觉感受。

## 二、视觉站

当光照到我们的眼睛上时，眼睛里面的视觉感受细胞兴奋，经过视觉神经系统加工后便产生了视觉。有了视觉，我们才能够看到外界物体的大小、明暗、颜色、动静等各种信息。人们都说：“眼睛是心灵的窗户。”小朋友们要注意保护好自己的眼睛哟。

**想一想**：为什么近视的小朋友们需要戴上眼镜？

近视的小朋友佩戴近视眼镜一方面可以得到清晰有效的矫正视力，通过眼镜的作用使眼睛处于放松状态，避免引起视疲劳；另一方面可以有效避免近视度数的快速增长，起到保护眼睛的作用。

### （一）视觉形成过程

光线→角膜→瞳孔→晶状体（可以折射光线）→玻璃体→视网膜（形成物像）→视神经（传导视觉信息）→大脑视觉中枢（形成视觉）。

### （二）正常眼、近视眼、远视眼的区别

（1）正常眼指的是平行光线经过眼睛的折射后焦点落在视网膜上并且可以正常成像。

（2）近视眼指的是平行光线经过眼睛的折射后焦点落在视网膜之前。

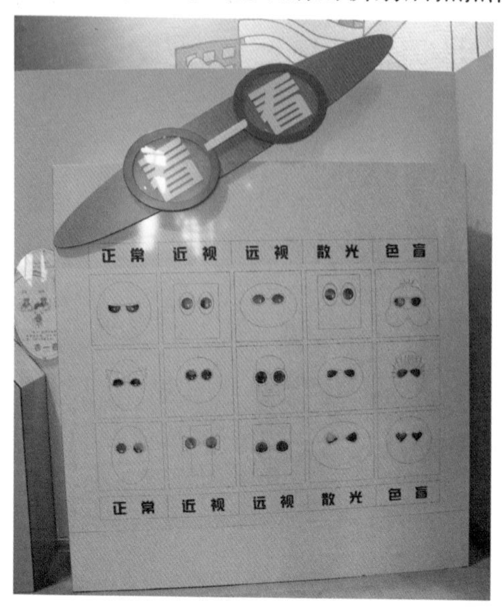

近视眼患者的主观感觉是看近物清晰，但看远处物体时模糊。

（3）远视眼指的是平行光线进入眼睛后在视网膜之后形成焦点。远视眼患者的主观感觉看远处物体模糊，看近处物体更为模糊。

### （三）近视眼、远视眼的矫正

近视眼需要采用凹透镜来矫正，这种镜片的特点是中间薄，两边厚。远视眼需要采用凸透镜来矫正，这种镜片的特点是中间厚，两边薄。以上矫正方法的原理，都是为了让所有物体都能够在视网膜上形成焦点，从而达到矫正的目的。

## 三、触觉体验站

人体的皮肤上有着触觉感受器，触觉感受器在接受外界的机械刺激后产生的感觉就是触觉。

我们的皮肤表面散布着许多触点，触点的大小不同，分布也并不规则。触点和我们的触觉感受紧密相关，一般情况下我们的指腹触点最多，其次

是头部，背部和小腿的触点最少，所以指腹的触觉最灵敏，而小腿和背部的触觉则较为迟钝。

## 四、嗅觉体验站

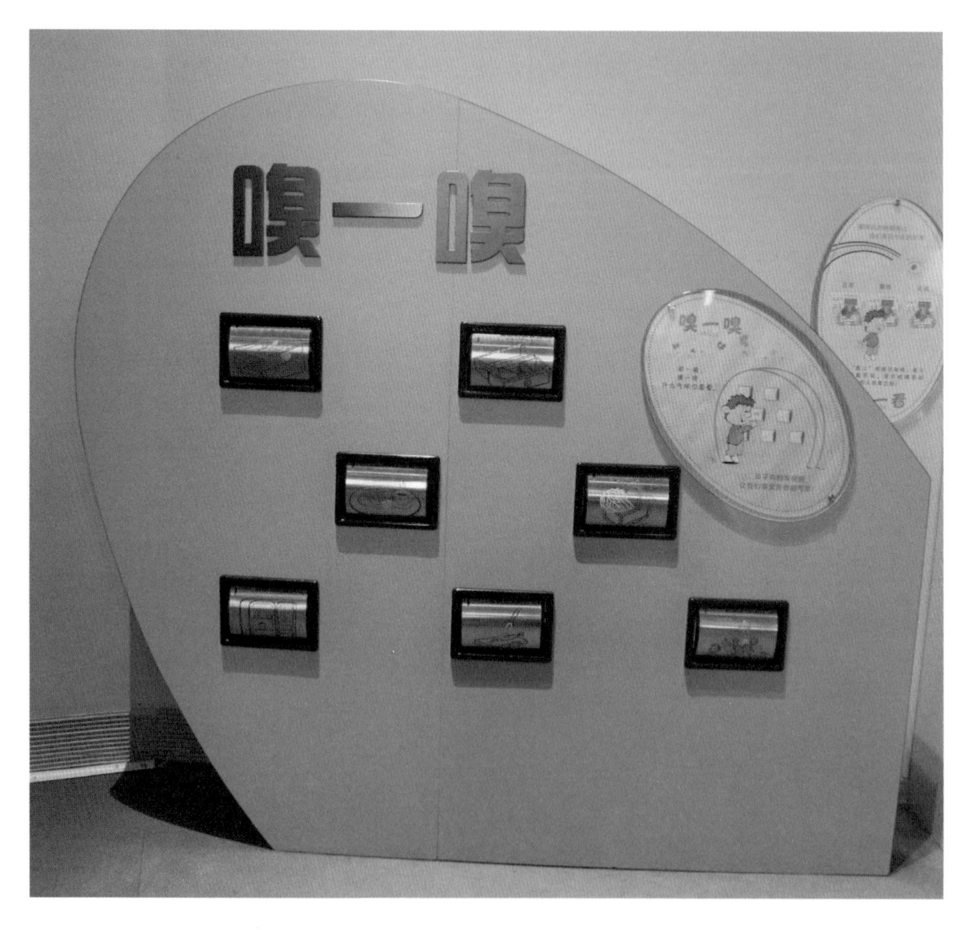


**想一想**：为什么我们的鼻子可以闻到许多味道？

我们知道，鼻子不仅可以用于呼吸，还能帮助我们辨别各种气味。不论是扑鼻的梅花清香，还是臭鸡蛋气味都能灵敏地分辨出来。

**嗅觉的探索**

我们能闻到许多气味是因为我们的鼻腔中有嗅觉感受器，它由嗅细胞组成，能感受到不同气味的刺激。据说古希腊人认为鼻子里存在着有网眼的黏膜，只要气体分子能钻过这些黏膜，人就可以闻到气味。显然，这种想象在当时并没有事实依据。然而后来人们在研究苍蝇嗅觉的过程中发现，在解剖苍蝇的嗅觉器官时，苍蝇的嗅细胞细胞膜确实有着渗透离子的功能。

# 第二章

# 我的小区

# 超　　市

小朋友们有和家人一起逛超市的经历吗？除了琳琅满目的商品外，大家有试过自己购买需要的物品并付款吗？如果以前都是依靠父母帮助的话，现在就自己试一次吧。

逛超市时，我们挑选完自己想要的商品后，到计价台进行价格计算后付款，结算后就可以拎着自己挑选的商品离开。如果购买的物品中有自己喜爱的食物，则可以坐在就餐台享用。

小朋友们知道在挑选食品时需要注意膳食均衡吗？膳食均衡是营养科学的重要目标，通常只有经过多种食物的相互搭配才可以构成实际生活中的膳食均衡，它在理论上要求既能满足人们心理上的进食欲望，又能满足生理上的物质需要。

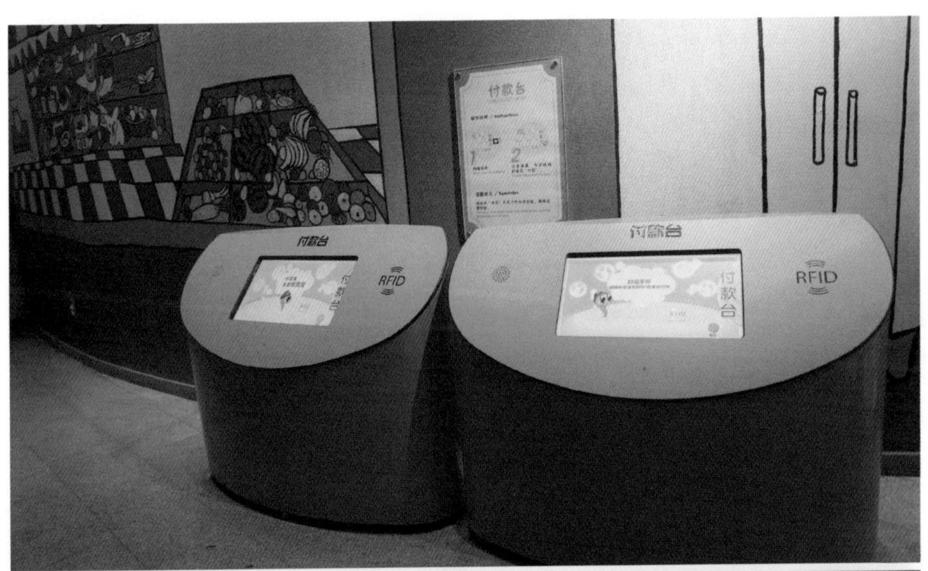

**平衡膳食宝塔简介**

平衡膳食宝塔共分五层。宝塔各层位置和面积反映出各类食物在膳食中应占的比重。下面我们来看看 6~10 岁学龄儿童平衡膳食宝塔[1]。

（1）谷薯类食物位居第一层，《中国学龄儿童膳食指南（2022）》建议每人每天摄入谷类 150~200 克，其中包含全谷物和杂豆类 30~70 克；每天摄入薯类 25~50 克。

（2）蔬菜、水果类食物位于第二层，《中国学龄儿童膳食指南（2022）》建议每天蔬菜摄入量至少达到300克，水果150~200克。

（3）鱼、禽、肉、蛋等动物性食物位于第三层，《中国学龄儿童膳食指南（2022）》建议每人每天摄入畜禽肉40克，水产品40克，蛋类25~40克。

（4）奶类、大豆和坚果居第四层，《中国学龄儿童膳食指南（2022）》建议每人每天应至少摄入相当于鲜奶300克的奶及奶制品；每周摄入大豆105克，其他豆制品摄入量需按蛋白质含量与大豆进行折算；每周摄入坚果50克。

（5）第五层是塔顶，主要代表性食材是烹调油和食盐，《中国学龄儿童膳食指南（2022）》建议每人每天烹调油摄入量为20~25克，食盐摄入量不超过4克。

## 6~10岁学龄儿童平衡膳食宝塔

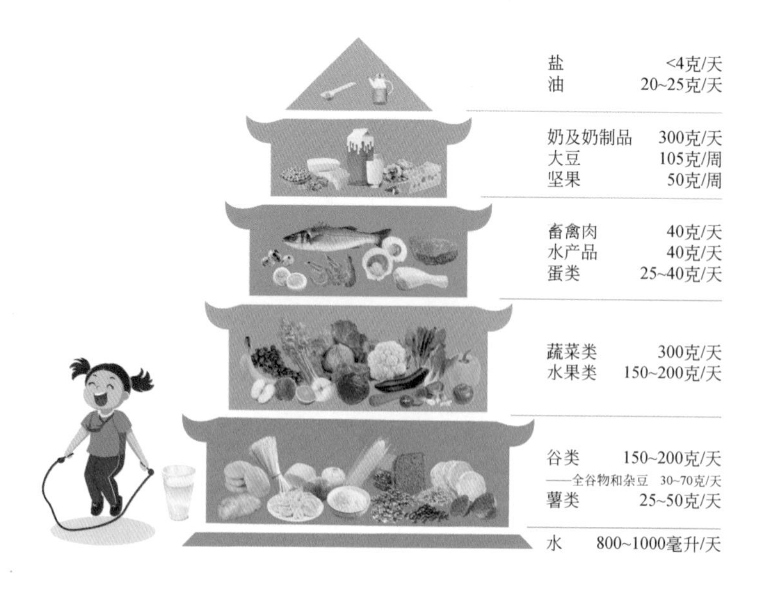


## 食物作坊

我国北方居民主食是面食，主要有面包、面条、饺子等。

那么，你们知道美味的面包是怎么制成的吗？

**1. 面包制作程序**

一般的面包制作程序为材料准备→搅拌→发酵→分割→滚圆→松弛→造型→醒发→烘烤→冷却→包装。

**2. 制作面包的注意事项**

根据做面包的时间顺序，一是我们需要准备好材料，在称材料时用料必须准确，以免影响面包的质量；二是在搅拌时需要注意水温，因在搅拌时是利用水温来控制面团温度的；三是面团发酵时面糊亦逐渐成熟，控制好时间，面团发酵不足或过度都会直接影响面包的品质；四是在面团发酵成熟后，应立即进行分割以免失去过多水分；五是将分割后的面团滚圆避免面团表面不光滑；六是松弛，使得面团获得更好的伸展性以便操作成型；七是对面团进行造型，打造成自己想要的面包形状；八是醒发，醒发时温度与湿度要按各类面包的需求而定；九是烘烤，需要根据面团的种类和大小决定烘烤的时间；十是对需要包装的面包进行冷却；十一是对冷却后的面包进行包装。

# 第三章

# 社　交

# 你　好

小朋友们还记得自己认识的第一个朋友是谁吗？你们又是怎么认识的呢？在见到他人时，我们都会说一句“你好”，表明友好的姿态。

**想一想：**不同语言中的“你好”有什么不同？

“你好”是打招呼的敬语，作为一般和别人进行对话的开场白和常用语。主要用于开始聊天或者单纯表示礼貌。

# 猜 表 情

在交到好朋友后，很多事情我们就可以彼此分担了，例如，一起分享快乐、面对困难。我们怎么知道对方的情绪是开心还是难过呢？

**想一想：**我们的表情有什么作用？

表情是情绪的外在表现，是人们进行交流的一种非语言沟通方式。我们想要知道他人的心情，需要从读懂他人脸上的表情开始。

人的表情主要有三种方式：面部表情、语言声调表情及身体姿态。说到表情可能很多人都会想到喜、怒、哀、乐，但“喜”和“乐”所表现出的情绪是差不多的，所以可以将人类情绪产生时所呈现的最基本的微表情分为6种，分别为惊讶、厌恶、愤怒、恐惧、悲伤、愉悦。

（1）惊讶。有“出乎意料”的意味，多是因为自己关心的事情发生了意外的变化。惊讶的具体表现为眼睛瞪圆、嘴巴张大。

（2）厌恶。指的是本能想要远离某种物体，不让其靠近自己。厌恶的经典表情为整个面部的五官似乎都皱在了一起。

（3）愤怒。因为排斥而企图通过情绪的表达来消除威胁。愤怒的表情往往为双眼圆睁、怒目而视。

（4）恐惧。对负面结果的判断超过了人对自身防御能力的判断所产生的情绪，即“令我们感到害怕”。

（5）悲伤。泪水（哭泣）是悲伤的直观表现。例如，你不小心摔坏了自己心爱的玩具时，可能会掉眼泪、眉毛紧皱、嘴巴张着。

（6）愉悦。来源于一种发自内心的快乐和自我满足感，眼睛笑眯眯的程度及嘴角上扬的程度能很好地代表人们的开心程度。

## 手语和象形文字

不知道大家有没有看过聋哑女孩们在春晚舞台上表演的《千手观音》，她们无法说话，是如何和队友进行交流的呢？她们利用了除口头语言外的语言——肢体语言，并且自成一种语系。

**想一想**：手语有着什么样的作用？

手语主要通过手的动作，加上自己的身体姿态来表达出自己想要说出的话。主要用于聋哑人之间的交流。

**1. 手语的产生**

古代就有手语的存在，但手语在开始的时候并不是专门为聋哑人设计的，我们的祖先先是靠手势来表达自己的想法，后来才慢慢成为一种语言。

**2. 象形文字**

肢体语言是借助视觉完成了听觉的理解和解读，而象形文字则是利用视觉完成信息传达，不同于我们现代的汉字，一些不识字的幼童可能都能认出它们是什么意思。

象形文字是具有象形特点的文字体系，即通过描摹事物的形象以体现所记录的词语的读音和意义而形成的书写符号系统。国人首次接触古埃及的象形文字，可以追溯到第二次鸦片战争之后，当时许多学者认为中国的象形文字和古埃及的象形文字有很大的相似之处。清代官员斌椿出游欧洲，在同治五年（1866年）的一则日记中写道，大金字塔横石刻字“如古钟鼎文”；与他同行的张德彝也在日记中写道，埃及文“字如鸟篆”。[2]

## 请勿喧哗

在图书馆或者很安静的场合，父母都会让我们轻声走路，并作出“嘘”的手势，它代表什么意思呢？

轻声细语地交谈，既能表达自己的意思，也不会影响别人，同时也是对别人的尊重和礼貌。

公共场合大声喧哗，是一种不尊重别人、不礼貌的行为，同时还会影响别人的生活和学习，所以请不要在公共场合大声喧哗。

**关于“请勿喧哗”的标语**

日常生活常见版本：

（1）请勿喧闹，保持安静！

（2）文明礼貌，切勿喧哗。

校园版本：

（1）未来，让我们高声欢呼。现在，让我们静心读书。

（2）课上，响亮一点；课后，安静一些。

小朋友们在见到类似的标语时一定要记得保持安静哟！

# 打 喷 嚏

有时候即使在安静的课堂上也会听到“阿嚏”的一声，说明喷嚏并不是我们所能控制的，那么喷嚏是什么？它对我们的身体起到好的还是坏的作用呢？

**想一想**：我们为什么会打喷嚏？

打喷嚏是我们排除鼻子内吸入的细菌、粉尘等异物的一种正常生理现象。

但随意打喷嚏是不礼貌、不卫生的行为，因为这样有可能会把病原体传播给他人。打喷嚏时用手帕或纸巾遮挡，或者冲着自己的臂弯处打，才是正确的做法。

**如何对待打喷嚏**

如果你在西方国家打喷嚏，可能旁边会有人说："上帝保佑你！"然而在中国，旁边的人可能会说："谁想你了？"其实这种习俗由来已久，《诗经》中就有"寤言不寐，愿言则嚏"的诗句，大致的意思是：我忧心忡忡睡不着，正是因为你想念我，才让我打喷嚏。科学发现表明，打喷嚏不是因为有人在想你，而是因为有东西（如灰尘等）刺激了鼻腔黏膜，才产生的一种无法控制的本能反应。

## 沟通合作

小朋友们有没有玩过迷宫书？在穿越迷宫的时候可能会遇到走不通的路，需要折返重新选择。下面这个合闯迷宫游戏需要我们和伙伴之间进行良好的沟通才能一起到达成功的彼岸。和同伴一起穿越迷宫的过程真是一点都不寂寞呢！

**想一想**：为什么我们和其他的小朋友需要沟通合作？

沟通是人们为了使对方能够明白自己的想法，使双方的思想达成一致而进行的交流过程。在这一过程中，语言是人们进行沟通交流的主要工具，正确的语言表述能帮助我们准确获取并传达信息，否则可能会导致沟通出现偏差。

美国石油大王洛克菲勒曾说："假如人际沟通能力也是同糖或者咖啡一样的商品，我愿意付出比太阳底下任何东西都珍贵的价格来购买这种能力。"可见，沟通有多么重要！英国作家斯坦顿则总结出沟通的四个基本目标：被接收、被理解、被接受和使对方采取行动。斯坦顿在《沟通圣经》一书中着重讲解了倾听的技巧，要求在倾听别人讲话时，应使用"增进倾听技巧 10 个方法"：准备好去听、感兴趣、心胸开阔、去听重点、批判性地听、避免分心、做笔记、协助说话者、回应、不插话。[3] 其实，许多时候，并非我们不知道该怎样去沟通，而是因为我们内心深处隐藏着一些排斥力，阻碍我们与他人更好地沟通。良好的沟通需要以战胜自我的弱点为前提。在不断提升沟通技巧途中的最大"拦路虎"不是别人，而是我们自己的"心魔"。

与原始人相比，现代人的大脑更大一些。英国和爱尔兰的一项联合研究显示，在进化的过程中，人类为了生存需要更多团队合作。正是在合作的过程中，人的大脑变得更大，也变得更聪明。

人们之所以选择合作，一方面是因为个人力量是有限的，合作可以完成自己完成不了的任务，和小伙伴们进行合作是一个互利的行为；另一方面，团队合作还有益健康。英国埃克塞特大学的一项研究显示：与他人分享以往的冒险奇遇和生活经历可以激活"潜伏"在老人大脑中的部分记忆，有助于改善记忆力。另一些研究也表明，不与朋友或家庭成员来往的人更可能患高血压和抑郁症，免疫系统较弱，容易生病。[4]

走出我们生活的小区来到城市街道上，会在马路上看到奔驰的汽车，看到建筑工地上工人们在卖力劳动，耳边都是机器的轰鸣声。路过水上乐园，会看见水花和听见人们嬉闹的声音。如果耳边响起带有特别信号的声音，看到消防车以飞快的速度从眼前驶过，可以推测其去的方向可能发生了火灾。城市里融入了各行各业的人，他们都在为维护城市的稳定和繁荣而努力。

# 第二篇

# 我的城市

# 第四章

# 道 路 交 通

# 汽车的诞生

汽车是现代交通运输的主角，与人们的生活密切相关。美国被称为车轮上的国家，有人把汽车比喻为美国人穿的鞋，用“人没有鞋就不能出门”来说明“美国人没有汽车就寸步难行”。其实，在第一次工业革命之前，人类所用车的动力是人力或畜力，而蒸汽机的出现使得汽车的雏形得以问世。1769 年，法国人制造出一辆有三个轮子的蒸汽机汽车。但是蒸汽机汽车很不舒适，热且笨重。人们思考能不能制造出一种可以在发动机内部进行燃料燃烧的汽车。1885 年，德国人本茨发明了一辆装汽油发动机的三轮汽车，这时真正的汽车才正式诞生。

# 交通标志

当小朋友们行走在马路上时，只要稍微留意一下，就会看见马路的上空或路面上有着各种各样的标牌和标示。大人们会把这些标牌和标示，形象地比作不说话的交通警察。交通管理部门则把这些标志用专业化的术语称作交通标志或路面交通标示。它能够给予行人和驾驶员确切的道路交通情报，帮助行人和驾驶员判断行进的方向和注意事项等。

**想一想：**大家都知道哪些交通标志呢？它们有什么特点，分别代表什么含义？

**1. 交通标志的历史**

早在周代，就有“列树以表道”的记载，这时候树木代表着交通标志。但是大多数人认为现代道路交通标志的起源，应该追溯到1879年12月的英国，参加自行车联赛的地方组织塞克林格俱乐部在通往山区的道路上设置了一个预告危险的交通标志：“到塞克利斯特——这个山丘危险”。

对于一名合格的司机而言，遵守交通规则和认清交通标志与熟悉驾驶操作同样重要。

**2. 交通标志的分类**

按照不同的功能，交通标志一般分为警告类、导向类、规制类和指示类四种。

（1）警告类标志主要是向人们，特别是向驾驶员提供道路上或沿道所存在的危险或应注意的信息。如交叉路口的存在及其形状，道路弯曲及所弯曲的方向，道路变窄和车道减少、路滑、陡坡等。

（2）导向类标志主要是给人们提供导向的各种信息，即使是未到过这个城市的人们，也可以通过导向类标志找到目的地。如路名、沿道地名与设施、距离、路线、方向等。

（3）规制类标志是由交通部门根据法规设置的，它比其他标志多了强制的意味，表示限制或禁止，违反规制类标志的行为需作违章处理。例如，用标牌指示出禁止卡车通行、禁止停车、禁止自行车通行、禁止行人通行等。

（4）指示类标志是向人们指明或提醒人们允许范围内的交通行为和注意事项的标志。例如，车道线、停车线、人行横道线，以及可以停车、优先道路和安全地带的标志等。

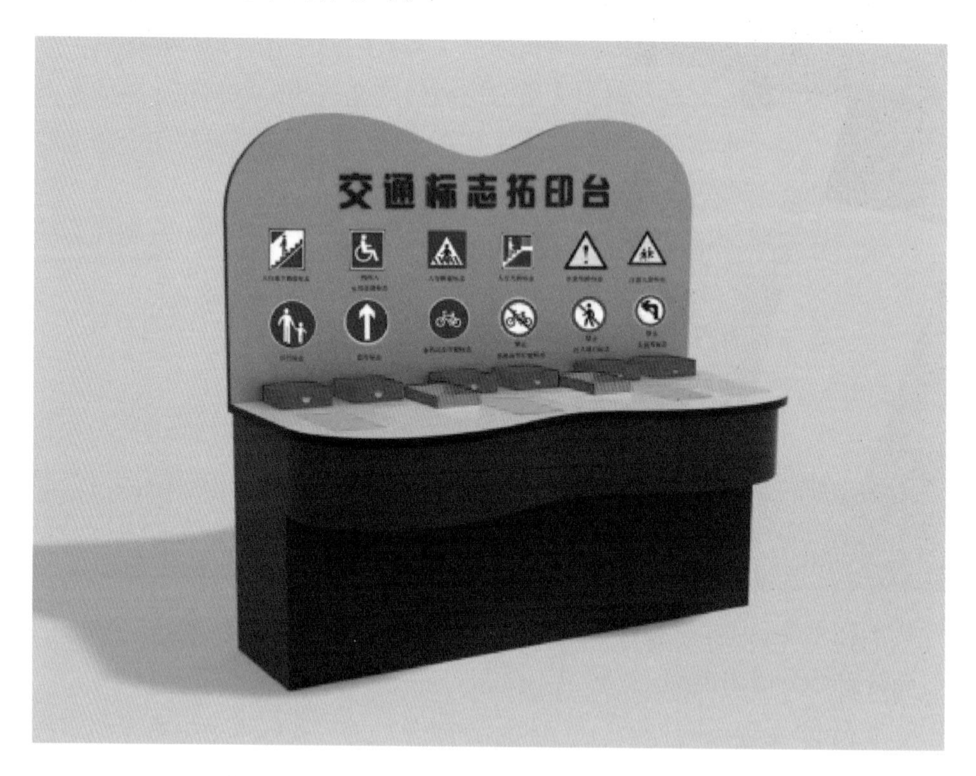


## 交 通 学 校

在经过交通学校的培训和模拟测试后，大家就在成为一名合格“小司机”的道路上更进一步了！

**想一想**：在交通安全中我们需要注意什么？

**1. 交通安全顺口溜**

（1）交通安全很重要，交通规则要牢记；从小养成好习惯，不在路上玩游戏。

（2）行走应走人行道，没有行道往右靠；天桥地道横行道，横穿马路不能做。

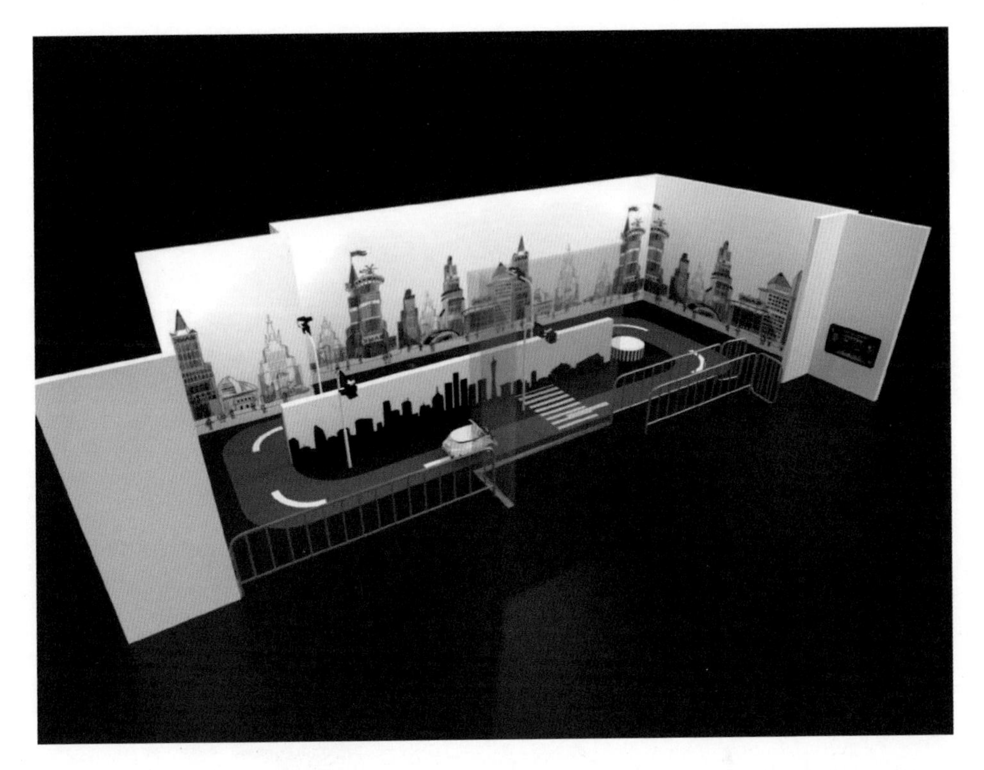

（3）一慢二看三通过，莫与车辆去抢道；骑车更要守规则，不能心急闯红灯。

（4）乘车安全要注意，遵守秩序要排队；手头不能伸窗外，扶紧把手莫忘记。

**2.“小细节”决定“大安全”**

小朋友们，作为行人，我们在过马路时，是否曾经闯过红灯？作为乘客，我们在每次乘车的时候是否都有系安全带？这些小细节，我们不能不在意，它们非常重要，希望每个小朋友都可以行动起来，从自身做起，从细节做起，养成好习惯，并监督自己身边的人，让他们和自己一样能够有良好的习惯，做到平安出行、开心回家。

# 第五章

# 生活生产中的水

水是生命之源，万物生长都离不开水的滋养。人们利用水的特性不仅观察到了奇特的现象，还制作了许多有用的工具，让我们一起在戏水台认识一下它们吧。

## 转轮水车与筒车

转轮水车不仅装饰美观还能起到灌溉的作用，是个兼具审美与实用价值的发明。

**想一想**：转轮是怎样被水驱动的？

水枪喷射的水流具有动能。当水流冲击转轮时，将动能传递给转轮，使它转动起来。

这种用水来使转轮转动的原理很早就被应用于筒车上，中国自古以来以农立国，在精耕细作的小农社会，勤劳智慧的古代劳动人民发明创造了不少农具。筒车是水车的一种形式，是利用水流冲击水轮转动的农业灌溉机械。作为灌溉效率较高的农具之一，大大促进了农业发展。

**筒车作用原理**

唐代陈廷章的《水轮赋》中有“水能利物，轮乃曲成”，又有“观夫斫木而为，凭河而引”，说明筒车的水轮为木质，且水轮的一部分需要浸置于河水中，借助水力运转进行灌溉。它的结构简单来说就是筒车的大圆轮上半部分需要高于岸边，下半部分则要浸在水里，由河水流动来带动水轮的受水板，再由受水板带动轮子转动进行工作。工作时绑在大圆轮上的小筒会因在转至轮底时灌水，当轮子转过最高点时，小筒口向下倾斜，将水倒入槽中，最后沿着水槽流向田间。只要经过筒车的流水量大，它便可以不停地转动，不停地运水。

# 海底隧道

说起隧道，我们最先想起来的便是埋在地下的建筑，海底隧道则指的是建在海底之下可以供行人和车辆通行的地下建筑物。目前，全世界已建成和在建的海底隧道主要分布在中国、日本、美国、欧洲等国家和地区。人们关于海底隧道的想象，以前就出现在不少著名文学作品中，例如法国科幻小说家凡尔纳于《海底两万里》的第五章中，就有关于虚构的阿拉伯海底隧道的描述，反映了当时人们希望通过打造隧道的方式来实现穿越海峡的梦想；1972 年，科幻小说作家哈里森也构想过横渡大西洋海底隧道。

# 不平衡桶

一个普通的桶和大家日常生活中经常接触到的水，是如何产生不平衡现象的呢？

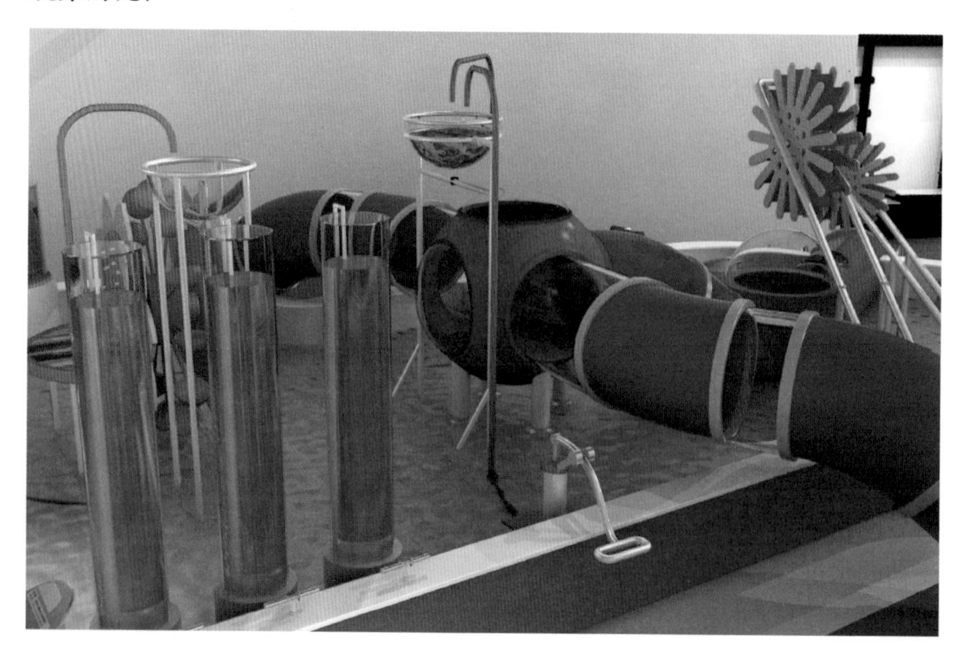

**想一想**：不平衡桶为什么时而翻倒，时而直立？

水流入不平衡桶时，桶的重心会随水位上升而升高，当桶的重心点高于支撑点时，上重下轻的桶便失去平衡而翻倒。当桶内的水倒出后，桶的重心点会回到支撑点以下，桶身便恢复平衡而直立起来。

## 阀　门

水是液体，具有流动性。不像固体可以稳稳地停在某个位置，人们需要借助阀门对水流的扩散进行控制。

**想一想**：阀门怎样控制水流？

阀门是管道的控制装置，它能接通或断开管道中的水，调节进入管道的水的流量，控制水的流动方向。它可以在压力、温度或其他形式的传感信号的指示下对流动的水进行控制，也可以依靠驱动或自动机构的开关对流动的水进行控制。

**水龙头控制水流的工作原理**

水龙头是用来控制水流大小的开关，它就是利用了阀门可以控制水流的原理。在需要水时开启，不需要时关闭，有节水的功效。平时小朋友们洗完手后记得关闭水龙头，节约用水。

## 水轮音乐琴

大家都知道钢琴、琵琶、竹笛等都可以弹奏或者吹奏出美妙的音乐，可是未必听过水流弹奏的音乐，静心聆听水轮音乐琴的声音，分析它是怎么做到的。

**想一想**：水轮音乐琴如何被奏响？

水被压水泵提升到高处后经虹吸管流出。落下的水流冲击转轮，势能转化为动能，驱动转轮转动，带动琴槌敲击钢管琴，奏出音乐。

**1. 虹吸现象**

虹吸主要利用了液面高度差的作用力，将液体充满一根倒 U 形的管状结构后，将开口高的一端置于装满液体的容器中，容器内的液体会持续通过虹吸管向更低的位置流出。

**2. 虹吸原理的应用**

日常生活中有很多应用虹吸原理的例子，例如，汽车驾驶员常用虹吸管从油箱里吸出汽油或柴油，鱼主人给鱼缸换水，等等。

## 打　气　泡

吹泡泡想必是小朋友很喜欢玩的一个游戏，试过在水中打气泡吗？仔细观察水流中打出的气泡有什么特点。

**想一想**：为什么气泡会上升、会变大，而且在水和硅油中上升的速度不一样？

空气的密度比液体的密度小，所以气泡会在液体中上升。气泡在上升过程中，受到液体压强减小，气泡就会慢慢变大。硅油黏度比水大，气泡上升的速度较慢，我们便能直观清晰地观察到气泡的变化过程。

# 水流射程

**想一想**：为什么随容器高度变化小孔射出的水流远近不同呢?

容器的高度增加，液位的高度增加，小孔处压强随着增大，射出水流的距离变长。容器高度下降，液位高度下降，小孔处压强减小，则小孔射出水流的距离变短。

**物理规律**：同种液体内部，深度越大，压强也越大。

# 水力射球

**想一想：**为什么水流可以将小球推送到高处呢？

水枪喷出的水流具有动能。当水流冲击小球时，将动能传递给小球，使小球从轨道低处运动到轨道高处。

## 旋转水流

**想一想：**人眼是如何借助摄影机看到旋转水流的？

肉眼观察振动的水流时，大脑来不及对水流每一位置的图像进行分析成像，所以看到的是直线流动的轨迹。但使用摄影机拍摄时，它的拍摄速度（帧率）与水流振动频率呈一定的关系，由于人眼视觉暂留的作用，会在大脑上形成连续运动的图像，所以既能看到连续不断的水流，又能看到水流螺旋状的轨迹。

## 漩　　涡

漩涡是一个汉语词语，有许多其他的含义。一是指水流遇低洼处所激成的螺旋形水涡，就是我们在仪器中所看到的水漩涡；二是用来比喻气体、烟雾等旋转时形成的螺旋形流向；三是用来比喻某种使人不能自脱的境地，即困境；四是可以指人们脸上的酒窝。

**想一想**：小球为什么会被漩涡吸到容器底部？

在漩涡中水的流速快、压力低，因此越靠近涡心，流速越快，压力越低，使漩涡具有向中心抽吸的作用，漩涡就是靠这种抽吸作用把水面的小球吸到容器底部。

## 阿基米德螺旋泵

阿基米德螺旋泵，是古希腊学者阿基米德在古埃及时发明的一种螺旋水泵。它的前身是扬水机，可以利用螺旋泵把水搬运到高处，问世后在古埃及得到了广泛的应用，是现代螺旋泵的前身。

**想一想**：阿基米德螺旋泵如何完成提水？

阿基米德螺旋泵是古老的提水装置，它转动时，利用其中的螺旋轮推动水沿着螺纹上升，从低处送到高处。

**阿基米德螺旋泵的来历**

阿基米德从小生活在科学研究之风浓厚的社会中，养成了喜欢思索、

阿基米德(公元前287年—公元前212年)，是古希腊伟大的哲学家、数学家、物理学家、力学家，静态力学和流体静力学的奠基人，享有“力学之父”的美称。他和高斯、牛顿并列为世界三大数学家，其最为经典的一句话是：“给我一个支点，我就能撬起整个地球。”

喜欢学习的良好习惯。传闻在一个星期天，阿基米德和同学一起乘木船，忽然，他看到一群人在用木桶拎水，便问道：“他们为什么要拎水？”一位当地的同学告诉他：“河床地势低，农田地势高，农民只好拎水浇地了。”阿基米德觉得这样拎水效率太低并产生了对农民的同情心。那位同学不以为然地说：“祖祖辈辈，人们都是这样做的。你难道有更好的办法吗？”

回去后，阿基米德的眼前总是闪现出农民拎水时吃力的样子。“可不可以让水往高处流呢？”阿基米德开始思考这一问题。他产生了一个设想：“做一个大螺旋，把它放在一个圆筒里。这样，螺旋转起来后，水不就可以沿着螺旋沟带到高处去了吗？”他据此画出了一张草图并拿着这张草图去找木匠，经阿基米德的指点，木匠制出了一个“怪玩意儿”。他将这个东西搬到河边，将它的一头放进河水里并摇动手柄。“咕噜噜”，只见河水从“怪东西”的顶端不断地涌出来。水果然往高处流了。

前来围观的农民被这神奇的东西迷住了，纷纷赞扬阿基米德为农民做了一件大好事。不久，这种螺旋水泵就流传开了，人们把这种水泵称为阿基米德螺旋泵。直到现在，一些现代工厂仍然在使用这种阿基米德螺旋泵。

## 反冲发动机

**想一想**：为什么容器旋转的方向与水流的方向总是相反？灯又是如何被点亮的？

反冲发电机由旋转容器和发电机组成。当水从容器底部流出时，由于出水口的角度与容器壁圆周的切线方向相同，水会沿着容器壁圆周的切线方向流出，对容器产生反作用力，推动容器向水流的相反方向转动。容器转动带动发电机发电，产生的电能使灯点亮。

**1. 反冲作用**

如果一个静止的物体在内力的作用下分裂成两个部分，一部分向某个方向运动，另一部分必然向相反的方向运动。在反冲运动中，物体受到的反冲作用通常叫作反冲力，这个过程遵循动量守恒定律。

**2. 反冲作用的应用**

反冲作用是飞船在太空漫行中，不可忽视的物理原理。它在飞船起飞的瞬间就存在，通过对飞船施加一定的动力，使得飞船在反冲作用下脱离地面。当飞船在太空中进行变轨时，同样需要借助反冲作用，来转换做圆周运动的轨迹。这时候如果缺乏外力，飞船是不可能进行变轨的，反冲作用就能产生这个外力。当飞船需要向外变轨时，它受到的反冲力需要大于飞船当前的向心力，从而突破向心作用实现变轨。

## 伯努利水球

**想一想**：为什么滚动旋转的球不容易掉下来呢？

在流体中，高速流动的水流中心压强小于水流周围大气压强。当球位于水柱顶端时，球受到大气压力，同时受到水柱的托力，因而不会掉下来。

**1. 伯努利定理**

伯努利定理是指在同一流体中，流速快，则压强小；流速慢，则压强大。流体会自动从高压流向低压。因此，是压力差使得小球无法左右移动，水的托力使它无法上下浮沉。

**2. 与伯努利定理有关的物理现象**

与伯努利定理有关的物理现象有很多，较为经典的是“奥林匹克号”撞船事件。

在1912年秋天，“奥林匹克号”在与“哈克号”巡洋舰平行航行时，两者相距100米并且“哈克号”比较小，小船好像突然被大船吸去了一样，一个劲地向“奥林匹克号”冲去。最后，“哈克号”把“奥林匹克号”撞了个大洞。原来，当两艘船平行前进时，两艘船中间的水比外侧的水流速快，根据伯努利定理，中间的水对两船内侧的压强比外侧的水对两船外侧的压强要小。于是，在外侧水的压力作用下，两船渐渐靠近，最后相撞。现在航海上把这种现象称为“船吸现象”。

丹尼尔·伯努利，瑞士物理学家、数学家、医学家。1700年出生于荷兰，是著名的伯努利家族中最杰出的成员之一。《流体动力学》是他最重要的著作，书中用能量守恒定律解决流体的流动问题，写出了流体动力学的基本方程，后人称之为“伯努利方程”。此外，他在分子运动理论和天文测量等方面均有建树。

## 水力发电

水和电是两种不同的事物，可是“水能生电”，想想看水的势能是怎么转变成电能的。

**想一想**：水流如何推动发电机发电并点亮灯泡?

水流从高处流向低处时，势能转化为动能，冲击水轮转动，带动发电机发电，使机械能转化为电能，使灯点亮。

自从人类经历了第二次工业革命进入“电气时代”以来，电力就开始

进入我们的生活，电灯、电话、电视……都需要依靠电能来运转，这些电器的电源并不是由电池提供的，而是由供电单位通过输电线进行供给。电能从发电机处产生后经历了什么才来到我们身边用于生活中的呢？让我们一起跟随电流，探索电的旅程。

**想一想**：为什么电能需要升压再降压后才能供我们使用呢？

许多大型水电站建在离我们较远的高山峡谷之中，电能在那里生产出来后需要通过电网跨过千山万水到达城市，才能走进千家万户，被我们使用。

我们生活中的电压是220伏，但是电能在发电机中生产出来时电压为10千伏左右，为了减少在运输过程中造成的电能损失，电在产生后先经升压变压器变成220千伏或500千伏（即高压电）后，再通过超高压输电线输送到城市的电网上，最后经多级降压变压器最终变为220伏，才能供我们使用，这就是我们日常生活中常见的交流输电方式。

# 水的循环

火熊熊燃烧的样子让人心生害怕，不少人被它夺去了生命，大家都知道水能灭火，那么能克火的水是怎么产生的呢？一起听听水的故事。

**想一想**：水是怎么实现自身循环的呢？

自然界中的水，不仅可以在地表进行流动，还能在太阳热量等因素作用下形成巨大的循环。

地球上的水，在太阳光的作用下以蒸发的形式被送入大气中。蒸发而成的水蒸气在碰到冷气团时，会凝结成云。云中的微小颗粒长大到一定程度后就以雨或雪等形态降落地面。这些降水有三种流向：一是渗入地下，成为土壤水或地下水；二是被植物吸收，经枝叶蒸腾作用重返大气；三是汇入江河湖泊，最后注入海洋。不论哪种流向，最后还是会蒸发进入大气，从而形成循环。

**水循环的三种类型**

| 水循环类型 | 发生空间 | 循环过程及环节 | 特点 |
|---|---|---|---|
| 海陆间循环 | 海洋与陆地之间 | 蒸发、降水、地表和地下径流 | 使陆地上的水得到补充 |
| 海上内循环 | 海洋与海洋上空之间 | 蒸发、降水 | 携带的水量最大 |
| 陆地内循环 | 陆地与陆地上空之间 | 蒸发、植物蒸腾、降水 | 水量很少 |

蒸发
水汽输送
冰川积雪
降水
冰雪融化
植物蒸腾
蒸发
地表径流
植物蒸腾
海水
下渗
湖
地下径流
根系吸收

# 第六章

# 建 筑 工 地

小朋友们可能会在城市里看到一些被隔板围起来的区域，父母会警示我们不要轻易靠近，那片区域就是建筑工地，围着的是正在建设中的建筑。出于安全因素的考虑我们不能离工地太近以免被一些建筑材料砸伤。下面，我们从一些模拟设施中看看建筑工地中到底有什么设备和工具吧。

## 挖　掘　机

挖掘机，又称挖土机，它有一只强壮有力的“手臂”，不仅可以完成挖掘地基等任务，还能对泥土、沙石等进行装载和运输，是一个样样精通的“好帮手”。世界上第一台挖掘机是手动挖掘机，问世至今已有140多年的历史。此后经历了蒸汽驱动、电力驱动和内燃机驱动等多种驱动方式。20 世纪 60 年代起，液压挖掘机进入推广和蓬勃发展阶段，至今仍为人们所普遍使用。

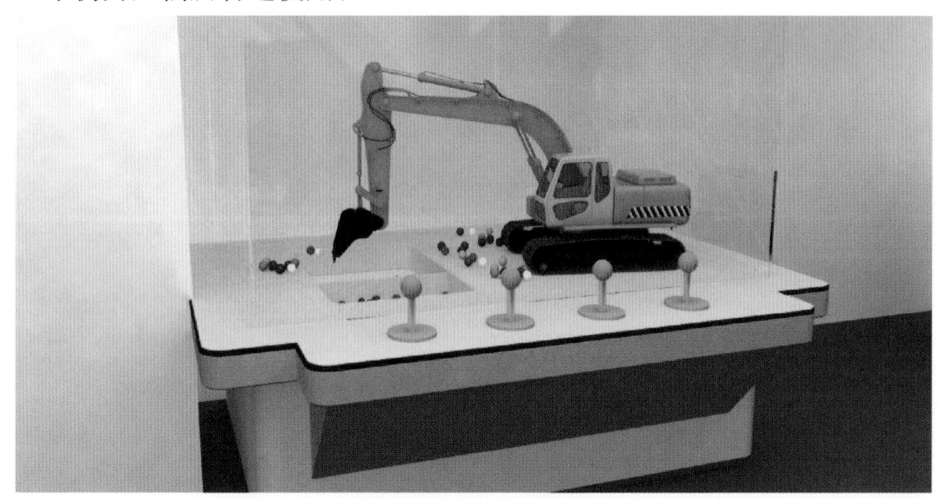

## 冲　击　钻

冲击钻在工作时会用强大的冲击力对物体进行冲击，常用于完成建筑物的破碎、开槽、打孔等任务。

冲击钻依靠旋转和冲击来工作，可以作用于天然的石头或素混凝土等较为坚硬的物体上。冲击钻的钻头一般是金刚石（自然界中天然存在的最坚硬的物质），但无法击穿钢筋混凝土等超过金刚石坚硬承受度的物体。

## 滑　轮

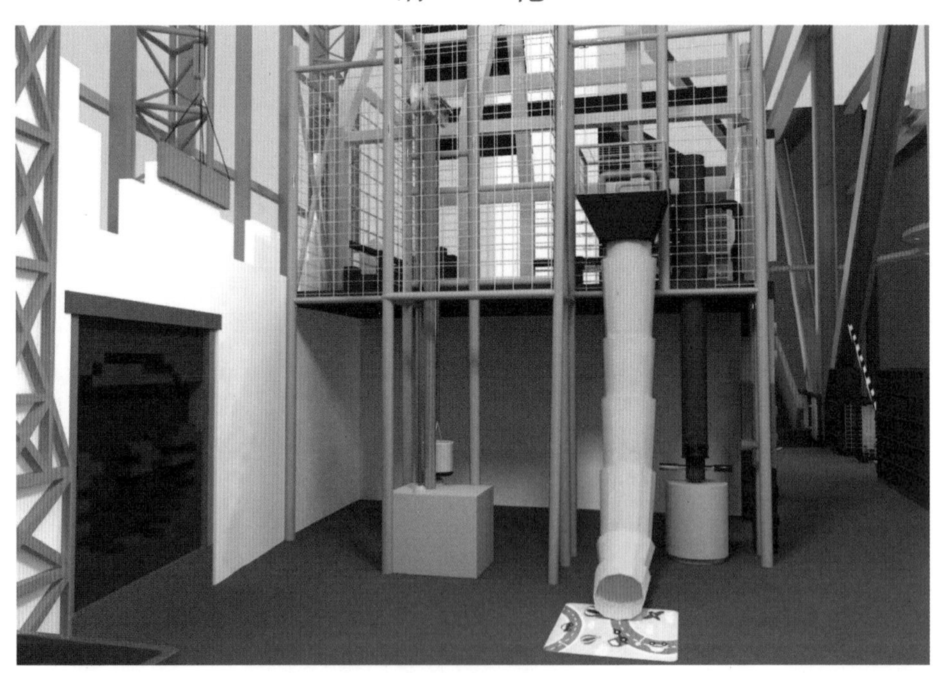

建筑工地上常使用滑轮组在不同楼层间运送砖块等物料。有的滑轮可以改变力的方向，有的滑轮可以省力。

滑轮是可以用来提升重物并能省力的简单机械。按滑轮中心轴的位置是否移动，可将滑轮分为定滑轮、动滑轮；定滑轮的中心轴固定不动，动滑轮的中心轴可以移动，它们各有优劣。使用定滑轮不能省力，但可以改变我们提起重物时的用力方向；使用动滑轮能省力，但不可以改变我们提起重物时的用力方向。如果将定滑轮和动滑轮组装在一起构成滑轮组，不但省力而且还可以改变力的方向。

关于滑轮的绘品最早出现在公元前 8 世纪的一幅亚述浮雕上。浮雕展示的是非常简单的滑轮装置，只能改变施力方向，主要目的是方便用力运输物品，不会有省力的效果。

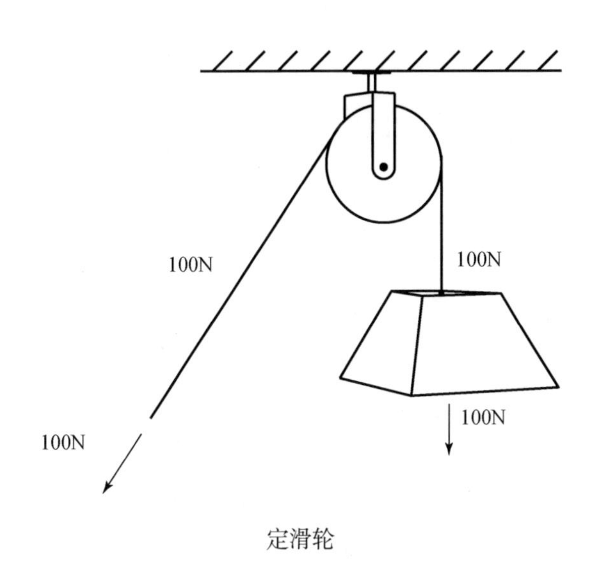


定滑轮

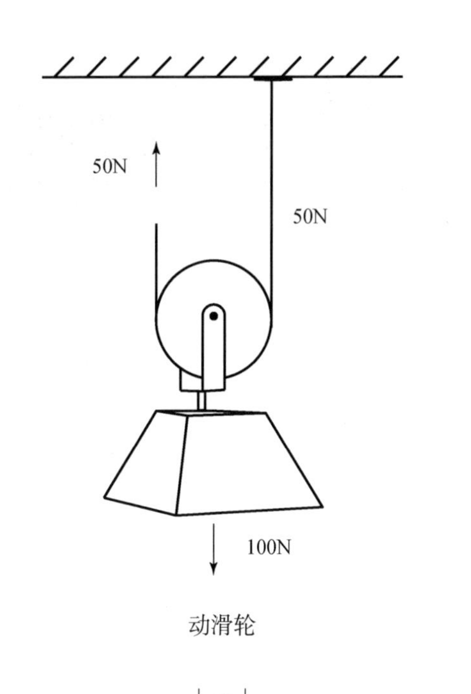


动滑轮

滑轮组是由若干个定滑轮和动滑轮匹配而成，可以弥补定滑轮只可以改变力的方向但不省力的不足，达到既省力又改变力作用方向的目的。

**想一想：**潜望镜有什么作用?

潜望镜是通过两个反射镜面的反射，将一些我们不能直接看到的景物呈现在我们眼前，水下的潜水艇就是使用潜望镜来观察水面的情况，建筑工地上也用它来查看被遮挡的工作区域。

潜望镜有着广泛的应用。以潜水艇上的潜望镜为例，通常情况下潜望镜的镜筒是固定的，且进行光反射的两块平面镜严格平行。在水面上的物体反射的光线经过潜望镜的两块平面镜的两次反射后进入人眼中。

**制作简易的潜望镜**

器材：直角弯管 2 个、直管 1 根、平面镜 2 块、胶水。

先将 2 块平面镜磨成椭圆形且按照与直角弯管成 90° 夹角的位置放置，用胶水将镜片粘在直角弯管上；将两直角弯管分别套上一段大小不等的直管，注意其中的一段直管尾部刚好能进入另一端直管的头部。两根直管表面需要较为光滑，可以拉出和缩回；两根直管保持平行。

# 传　声　管

**想一想**：声音如何传播？

声音是由物体振动产生的，它可以通过介质（如空气、水、固体等）传播。传声管依靠管道，使声音在传递过程中“漏”不出去，所以能传得更远，听起来十分清晰。

传声筒亦称“传话筒”，是一种古老的具有实用性的工具，是现在电话机的最初原型，其制造原理可能受到“听瓮”的启发。

**1. 传声筒的物理原理**

传声筒利用了固体声波振动传递原理，当声源在纸杯的一端发生振动时，纸杯的物理结构能有效地将声音聚集并且减少声音的扩散，经过中间的棉线的传输最后传进另一端的纸杯中。一般情况下，两个人各拿一个纸杯，拉直棉线，声音就可以通过棉线振动远距离传递过来。如果想要纸杯传声更清晰，就要将纸杯中间的棉线绷得更紧些。

**2. 制作简单的传声筒**

取 2 个完好的纸杯，1 根适当长度的棉线，1 根木棍，1 把小刀。将木棍切成适当长度（比杯底宽度稍小），然后将纸杯底部戳开一个小孔并将棉线一端塞入，再从杯口取出，最后将棉线拴在木棍上。棉线的另一端也按照相同方法进行制作，一个简单的传声筒就做好了。

## 地下管线

**想一想：**为什么管线需要埋在地下？

我们居住的城市地下，隐藏着许多重要的管线，有给水管道、排水管道、燃气管道、电力电缆等。它们为我们送来生活所需的水、气、电等能源，并带走生活污水等废物。主要操作是在城市地下建造一个隧道空间，并将电力、通信、燃气、供热、给排水等各种工程管线集于一体放置在这个隧道中。

这个隧道就是综合管廊，其设有专门的检修口、吊装口和监测系统，是保障城市运行的重要基础设施。

**综合管廊的建设意义**

一是解决了城市的交通拥堵问题；二是极大地方便了电力、通信、燃气、给排水等市政设施的维护和检修；三是该系统还具有一定的防震减灾作用。

## 水 平 仪

**想一想**：水平仪怎么判断被测物体是否达到水平状态？

水平仪是建筑施工中使用的一种测量水平的仪器。传统的气泡水平仪的玻璃外壳里面通常是黏滞系数比较小的液体，有一个透明气泡夹在液体之中，当水平仪内的气泡恰好处在液体正中间时，表示被测物达到水平状态。

现在的水平仪已经从过去简单的气泡水平仪发展成电子水平仪，这是自动化和电子测量技术发展的结果。

## 测 距 仪

**想一想**：测距仪能够测量距离的原理是什么？

超声波测距仪是利用超声波发射后遇到障碍物反射回来的时间来计算距离。由于超声波在 15 摄氏度的空气中的传播速度为 340 米每秒，已知速度和往返时间，就可以得到两点之间的距离（$s$）。

计算公式为 $s=340\times1/2\,t$，其中 $t$ 为往返时间，单位为秒。

## 砌　砖　墙

**想一想：**工人们砌墙是将砖块随便堆积吗?

砌筑砖墙的基本材料是砖和砂浆。工人们都懂得虽然砌砖墙的方式有很多，但每种方式都要遵循“错缝”的原则，即墙体上下的砖块要有规律地错开，这样的墙体才会结实美观。

砖砌体的砌筑方法包含“三一”砌砖法、挤浆法、刮浆法和满口灰法四种方法，其中“三一”砌砖法和挤浆法是最常用的方法。“三一”砌砖法即是一块砖，一铲灰，一揉压，最后将挤出的砌浆刮去的砌筑方法。

## 接　管　道

在我们的家中，气、水、电的运输都需要接管道，很多管道被隐藏在

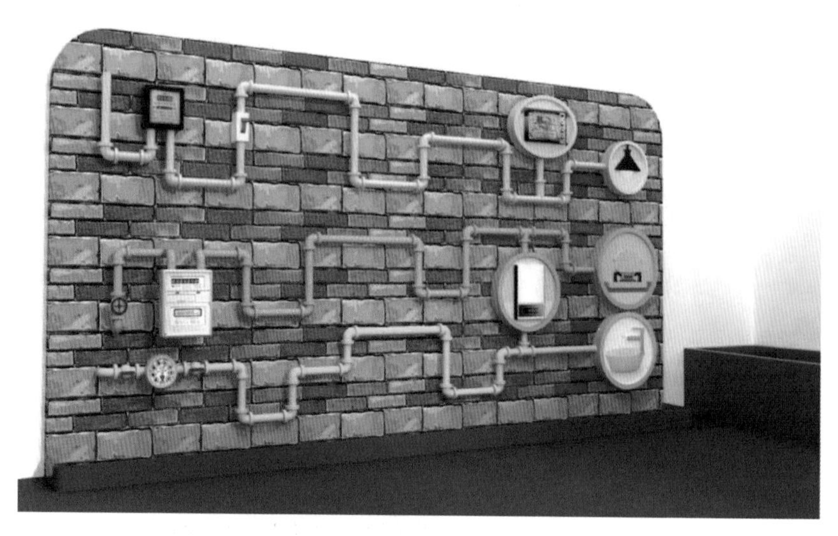

墙中。管道连接是指按照设计图的要求，将管段连接成一个完整的管道系统的过程。工人们在施工中会根据所用管子的材质选择不同的连接方法。

## 震 动 台

**想一想**：什么样的房子抗震效果最好？

建筑的抗震性能与其本身的结构有关，砖混结构的建筑采用楼板和墙体来承重，强度较低，因此抗震性能较差，而框架结构由梁、板、柱组成框架来承重，而墙体不承重，抗震性能明显提升。

抗震等级是设计部门依据国家有关规定，按照建筑物重要性分类与设防标准，根据设防类别、结构类型、烈度和房屋高度四个因素确定的。以钢筋混凝土框架结构为例，抗震等级划分为一级至四级，用来表示“很严重、严重、较严重及一般”四个级别。

我们生活在以人为主体的社会中，但走出城市后会发现，我们生活的这片土地上的动植物让世界变得更加多彩。如有机会，走出城市，亲近自然，能够感受到不同的美。来认识一下我们的邻居——动物和植物朋友吧。

# 第三篇 我的世界

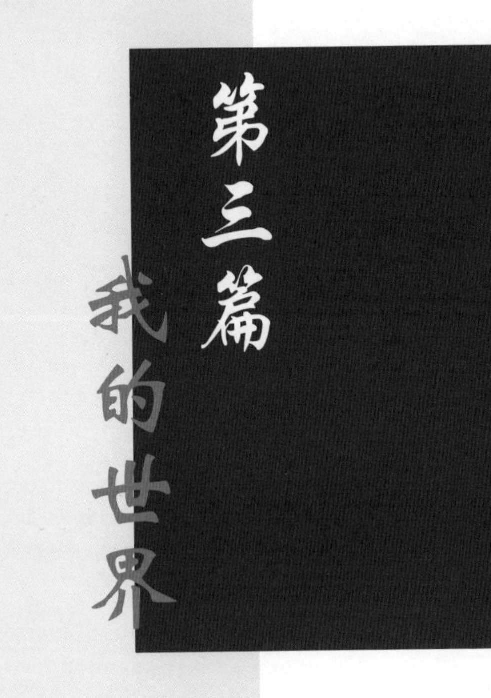

# 第七章

# 地质及地质资源

# 地球的结构

地球可不是一个普通的球体，它的壳非常特别，其中的地质成分和结构吸引了众多科学家的探索。地球的“壳”其实不止有一层，按照地质性质的不同来划分，它其实有着三层壳，看看这三层壳有什么不同吧。

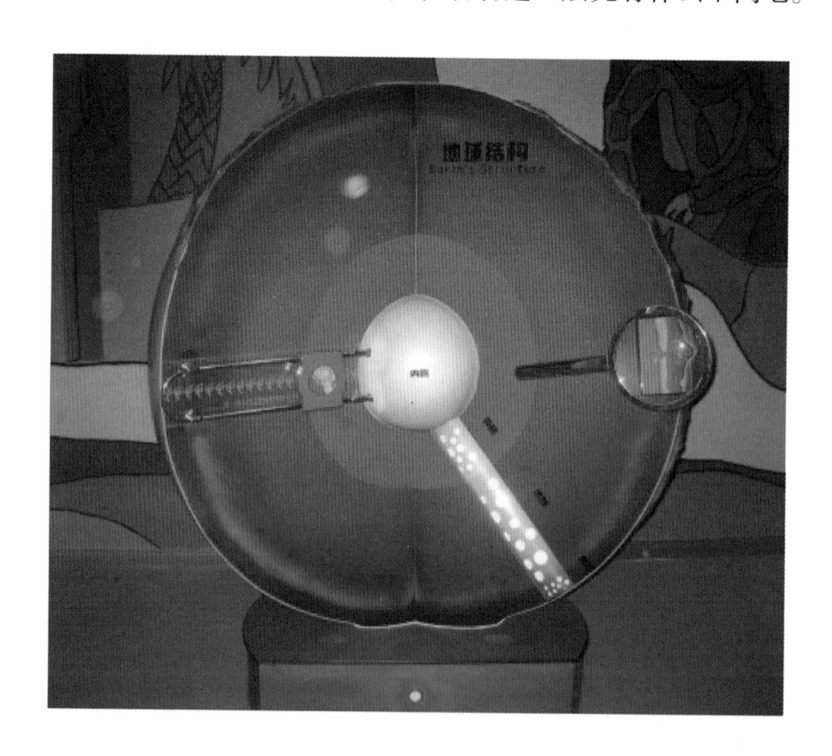


地球内部结构是指地球内部的分层结构。根据地震波在地下不同深度传播速度的变化，一般将地球内部分为三个同心球层：地壳、地幔和地核。地壳与地幔之间由莫霍界面分开，地幔与地核之间由古登堡界面分开。

**1. 地壳**

地壳是地球内部圈层的最外层，由风化的土层和坚硬的岩石组成，所以地壳也可称为岩石圈。如果把地幔、地核比作蛋清和蛋黄，那地壳就像蛋壳。

**2. 地幔**

地幔介于地壳和地核之间，它好像沥青一样（短时间可塑，放久了会变形）。在地幔的上层物质呈半熔融状态，被称为“软流层”。一旦在地壳的浅薄地段发生裂缝，灼热的岩浆就会沿着裂缝喷出地面，从而引起火山爆发。

**3. 地核**

地核是地球的核心。从下地幔的底部一直延伸到地球核心部位。地核内部不仅压力大，而且温度也很高，估计可高达 2000 ~ 5000 摄氏度。

## 石油资源

石油是指烃类混合物，具有天然的产状。我们通常所说的石油是指原

油，它是一种黏稠的深褐色液体，被称为“工业的血液”，一般储存在地壳上层部分地区。

**1. 石油的成油机理**

有生物沉积变油和石化油两种学说，前者认为石油是古代海洋或湖泊中的生物经过漫长的演化形成的，属于生物沉积变油，不可再生；后者认为石油是由地壳内本身的碳生成的，与生物无关，可再生。前者较广为接受。

**2. 石油的发现**

据说，我国早在两千多年前的秦朝就发现了“石油”的踪迹，并加以采集和利用。沈括在《梦溪笔谈》中首次提出了“石油”这一词并预言“此物后必大行于世”。我国对石油进行开采较西方国家晚一些，曾一度被认为是贫油国家。直到大庆油田的发现让世界知道了中国同样拥有世界级的大油田。

# 第八章

# 动　　物

# 蝴蝶的一生

世间万物都有生命周期，相比起人类，大部分动物的生命周期会短一些。

**想一想**：从一条丑陋的毛毛虫变身为五彩斑斓的蝴蝶，是一个奇妙的过程，学术上称为变态。那么毛毛虫是如何把自己变成蝴蝶的呢？

蝶，通称为蝴蝶，在分类学上，属于鳞翅目锤角亚目的昆虫。全球有记录的蝴蝶总数大约有 20 000 种，中国的蝴蝶资源较为丰富，已记录 2000 多种。[5] 世界上现存蝶类约 14 000 多种，大部分分布在美洲，尤其是亚马孙河流域的品种最多，并且那一带美丽的、极具观赏价值的蝴蝶也最多。

羽化后的蝴蝶寿命长短不一，长的可达11个月，短的只有两三个星期。蝴蝶的一生要经过卵、幼虫、蛹和成虫四个发育阶段，周期短的需要数十天，长的需要近3年的时间。

毛毛虫一般经过四到五次蜕皮，就“作茧自缚”变成蛹了，从作茧自缚到破茧而出，一般要经过五至十天。蝴蝶求偶的时期是一个“婚飞”的过程，雌雄两只蝴蝶在花丛中翩翩起舞，看起来“情意绵绵”。中国民间四大爱情故事之一的《梁山伯与祝英台》，故事结尾“梁祝化蝶”就是取自蝴蝶双飞象征美好爱情的寓意。

## 听听动物的心跳

当进入一个安静的场合后，凝神静心，大家就能够感受到自己的心跳——“咚咚、咚咚……”，一声声的跳动是生命存在的律动。然而，

并不是所有的动物都有着相同频率的心跳，听听看它们的心跳节拍有什么不同。

**想一想**：人和动物的心跳有什么区别？

心率，是指心脏每分钟跳动的次数。不同动物和人的心率不一样，心跳最快的动物心率约 1200 次 / 分钟，而最慢的只有 10 次 / 分钟左右。

**1. 人和动物的心率**

正常状态下人和动物的心率

| | 心率 | | 心率 |
|---|---|---|---|
| 人 | 约 75 次 / 分钟 | 燕子 | 约 1200 次 / 分钟 |
| 老鼠 | 约 500 次 / 分钟 | 兔子 | 约 250 次 / 分钟 |
| 长颈鹿 | 约 60 次 / 分钟 | 大象 | 约 30 次 / 分钟 |
| 鲸鱼 | 约 10 次 / 分钟 | 猫 | 约 140 次 / 分钟 |
| 蜂鸟 | 约 600 次 / 分钟 | 乌龟 | 约 20 次 / 分钟 |

**2. 心脏保健的注意事项**

心脏对我们很重要，小朋友们需要注意保护好自己的心脏并提醒自己身边的人保护好心脏。

（1）不可以过度劳累，因为过度劳累会使心脏的负担加重。提醒父母劳逸结合、注意休息。

（2）不可以太过激动，日常生活中我们需要保持平和、轻松的心态，要少生气，也要少惹父母生气，做个好宝宝。

（3）小朋友不可饮酒，也要提醒身边的大人不可以饮酒过量，因为酒中的乙醇对人体有损害，容易使心脏病发作。

（4）家中长辈如果吸烟，要提醒他们吸烟有害健康。研究表明，烟草中的有害物质会刺激中枢神经，使心跳加快，血压上升，给心脏带来负担。

（5）注意饮食的控制，肥胖会使患心脏病的概率增大。少吃油腻食物，多吃蔬菜、水果。

（6）注意保暖。盛夏高温和冬季低温都对心脏的健康不利，因此大家在穿衣服时需要注意合理增减衣物。

# 动物的伪装

枯叶蝶、竹节虫……自然界中的这些动物极其擅于伪装，它们“模仿”生活环境中物体的颜色。我们所看到的它们身上体现出来的颜色，都是保护色。这些动物依靠伪装进行觅食和脱险。

**动物的保护色**

大自然的景色绚丽多彩。赤橙黄绿青蓝紫，这些颜色不仅美化了环境，也为动物在自然界激烈的生存竞争中提供了用颜色保护自己的条件。

弱小的动物身上通常都有一种天然保护色，主要用来隐蔽自己的身体免遭凶猛动物的伤害。例如，一只栖息在树上的枯叶蝶，看上去很像一片枯叶。生活在草丛中的蚱蜢，具有和周围环境类似的草绿色外表。海水上层的鱼的鱼背颜色同深色的海水相似，鱼肚颜色则同天空颜色相似；部分生活在海底的鱼儿，身上的颜色较暗，轮廓和周围环境分辨不清，使天敌难以发现。

# 动物的足迹

有这样一首有趣的儿歌：

下雪啦，下雪啦！
雪地里来了一群小画家。
小鸡画竹叶，小狗画梅花。
小鸭画枫叶，小马画月牙。
不用颜料不用笔，几步就成一幅画。
青蛙为什么没参加？它在洞里睡着啦。

**想一想**：这些小画家们，不用笔也不用颜料，那么它们是用什么作画的？

答案就是脚印。不同动物的脚印不同，但也具有一定的规律。小猫、狮子、老虎它们都是猫科动物，脚印非常相似。动物脚印的大小对应动物体型的大小，动物的体型越大，通常脚印也越大。

# 动物的家

每一种生物都有适合自己居住的“家”，家的结构特点与动物自身的结构和生活习性是相互匹配的。你更喜爱哪种小动物的家呢?

## 一、 蚂蚁窝

**想一想**：蚂蚁有怎样独特的建造能力?

蚂蚁窝是蚂蚁的家。几乎所有的蚁科都过着社会性群体的生活。雌蚁在交配后会建立一个小房子作为产房。等幼虫孵化出世后，蚁后就给它们喂食直到这些幼虫长大发育为成蚁。第一批工蚁长成时，它们便挖开通往外界的洞口去寻找食物并扩大巢穴的面积，为以后越来越多的“家族成员”提供“住房”。蚁后在这时候就成为这个“大家族”的“统帅”。

大多数种类的蚂蚁在地下土中筑巢，掘出的土块及叶片则被堆积在入口附近，形成小山丘，起到保护巢穴的作用。有的蚂蚁也会用植物叶片、茎秆等筑成巢挂在树上或岩石间。另外，有的蚂蚁选择生活在林区的朽木中。

## 二、河狸巢穴

**想一想**：河狸巢穴的结构有什么特点？

河狸在陆地上行动缓慢而笨拙，它们的自卫能力很弱，性格比较胆小，一遇到惊吓或者危险即跳入水中，并用自己的尾部有力拍打水面起到警告的作用。河狸在小的时候就开始学习如何营造巢穴了，算是出生于“建筑世家”。因为离不开水，它们一般在近水处筑巢，巢室用枝条和泥土搭成。在筑巢时，第一步是建筑一道水坝，它们总是孜孜不倦地用树枝、石块和软泥垒成堤坝，以阻挡溪流的去路，因此凡是河狸栖息或是栖息过的地方，都有一片池塘、湖泊或沼泽。有时为了将岸上筑坝用的建筑材料搬运至自己修筑的截流坝里，河狸还会不惜开挖长达百米的运河。而当进入新的栖息地或者栖息地水位下降时，河狸会用树枝、泥巴等筑坝蓄水，以保护自己的洞口始终位于水面下，防止天敌的侵扰。

## 三、蜂窝

蜂窝，是蜂巢的俗称，也是蜜蜂们的家，即蜂群生活和繁殖后代的

处所。蜂窝不仅能居住，还能储藏一种美味的营养品——蜂蜜。

蜂窝中的蜂房由无数个大小相同的房孔组成，房孔都是正六边形，房孔与房孔之间隔着一堵蜂蜡制的墙。令人惊讶的是，世界上所有蜜蜂的蜂窝都是按照统一的模式建造的，不得不佩服勤劳的蜜蜂们在建筑自己巢穴时的准确性和稳定性。

## 动物化石

如今我们能够看到的年代较为久远的动物大多是保存在化石中的，而化石本身是需要具备多种条件才得以形成的。

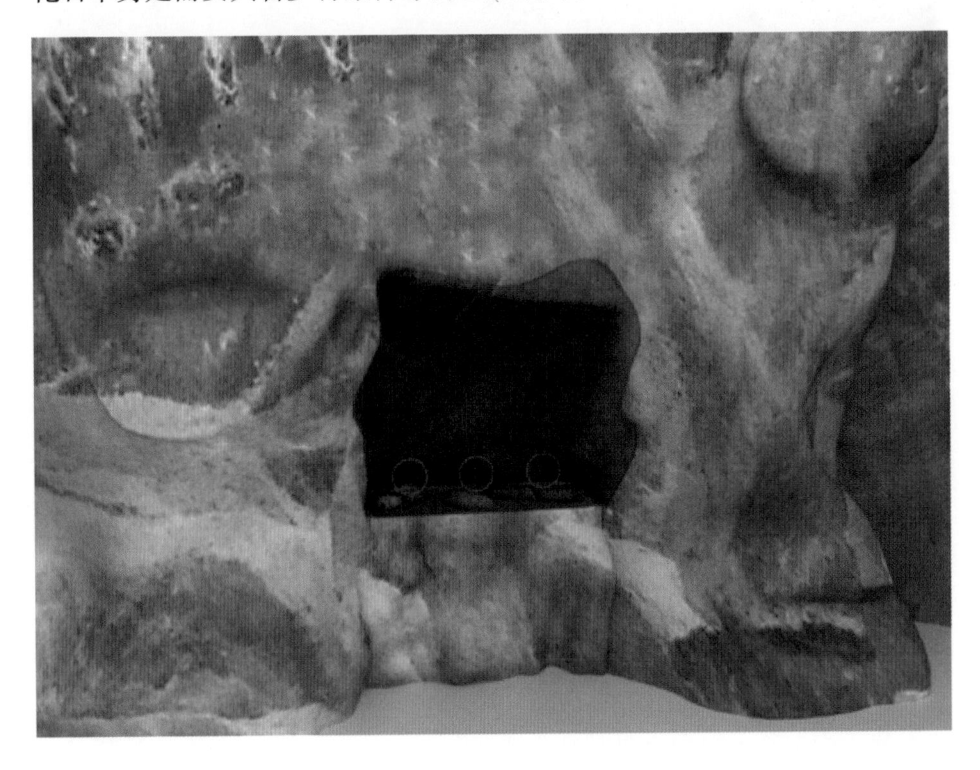

在通常情况下，动物死亡后，遗体还没来得及腐烂，就被含水沉淀物迅速掩埋。在漫长的地质历史时期，由于产生化学反应，无机矿物质渗入、有机物排出，沉积作用改变了有机体周围的环境，促进了机体组织与矿物

盐的合并，在这个过程中，动物的遗体逐渐成为地壳的一部分，它的外部形态和内部构造还能识别出来，这就是化石的来源。[6]

## 摸不着的“恐龙”

不知道小朋友们有没有看过电影《侏罗纪公园》？电影里出现的恐龙其实都是借助电影特效呈现出来的，真实的恐龙已经灭绝了，同样，在这里出现的恐龙也是虚拟的。

**想一想**：我们是怎么看到恐龙虚像的？

根据凸透镜成像原理可知：当物距小于焦距时成正立放大的虚像，物体离镜面越近，像越小。当物距等于1倍焦距时不成像，当物距在1~2倍焦距之间时成倒立放大的实像，物体离镜面越远，像越小。当物距等于2

倍焦距时成等大倒立的实像。当物距大于 2 倍焦距时，成倒立缩小的实像，物体离镜面越远，像越小。

## 飞翔的翼龙

除了在地上奔跑的恐龙，大家可能对同时期在天上飞翔的翼龙也有印象，实际上翼龙并不是恐龙。

**想一想**：翼龙有着怎样的特点？

翼龙又叫“飞龙”，顾名思义，它们是一种会飞的爬行动物。研究化石发现，它们的骨骼中空而轻，头骨低平而尖长，嘴很长，视觉灵敏，胸骨发达，有像鸟一样的龙骨突。翼龙并不能像鸟类那样自由地、长距离地翱翔于蓝天，它们只能在其生活的区域附近，如海边、湖边或树林中滑翔或飞行，有时也在水面上盘旋。

从已发现的化石来看，翼龙种类繁多、形态各异。化石记录告诉我们，翼龙体重最大者约 75 千克，最小者仅为 4 克，比蜂鸟稍重一些。所有的迹象表明，翼龙类是卵生、温血和聪明的动物，其许多特征都与鸟类相似。[6]

# 第九章

# 植　　物

# 花　钟

自然界繁花似锦，绿意盎然，植物在这个万紫千红的世界中起着至关重要的点缀作用。在日常生活中我们会形成自己的生物钟，到生物钟的时间点身体的一些反应会提醒我们需要进行哪些较为固定的活动。同样，自然界中花朵的开放也有着生物钟——花钟，花农们在掌握花钟的时间规律后，才能够在一年四季都培育出好看的花朵。

**想一想：**我们四季中能看到的花朵是一样的吗?

花朵开花需要适宜的温度和充足的阳光，低温和阴雨等不良条件均会影响花朵的开花。花期的长短也因花朵不同而有很大差异。部分花朵的花期如下。

春季：夹竹桃、白兰、蜀葵。

夏季：夹竹桃、白兰、大丽花、蜀葵、建兰。

秋季：夹竹桃、白兰、大丽花、建兰。

冬季：夹竹桃、大丽花、蜀葵。

# 植物的生长

动物的生长大多是通过体积和体重的增加体现的，而植物的生长大多是通过形态高度的增加体现的。小朋友可能都听过“揠苗助长”的故事，要知道植物的生长是需要时间的。

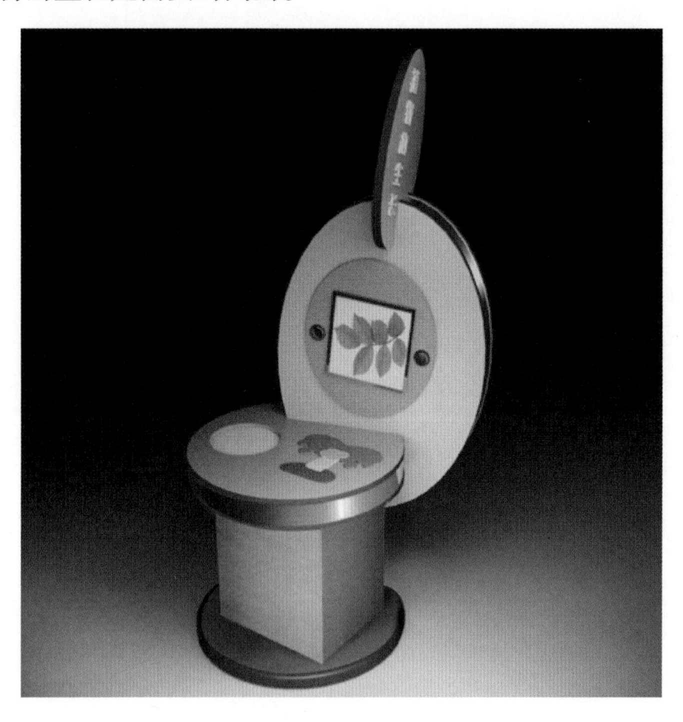

**想一想**：椰子树的生长经过什么过程？

一般我们认知中种子植物的生长就是从一颗小种子开始的。以椰子树为例，椰子树是棕榈科椰子属植物，在我国热带地区均有栽培，它全身都可利用，具有极高的经济价值。

椰子树通常采用种子繁殖，完全成熟的椰子种子只要有适当的温度、湿度条件，两个多月的时间就开始发芽。一般在雨季栽植，通常 5~6 年后开始结果，在椰子树花苞抽出后 3.5 个月会露出花序，称为开花，开花后椰子自受精至果实发育成熟需 12 个月时间。

有些小朋友可能会好奇为什么看到的椰子有绿色也有棕色的。因为一般椰子在收割时还是绿色的未成熟果实，而在商店出售的棕色“椰子”实际上是椰子的棕色的核，也叫作“椰仁”。在这个核外面实际上还有一层很厚的纤维质和一个绿色的硬壳。为了节省运输占用的地方，核外的部分一般在运输前就被去掉了。核内含约一升几乎清澈的甜汁和清香的果肉。

## 稻谷加工

人们常说：“江南是鱼米之乡”。在南方地区长大的孩子一般以大米为主食，水稻从采摘下稻谷，到成为我们餐桌上的饭食，经历了怎样的蜕变？

稻谷加工是脱去稻谷谷壳（颖壳）和皮层（糠层）的过程。稻谷籽粒由谷壳、皮层、胚和胚乳组成。稻谷加工的目的是以最小的破碎程度将胚乳与其他部分分离，制成有较好食用品质的大米。稻谷的加工可分为清理、砻谷和碾米 3 个主要工序。

第一步是清理：主要为了分离出稻谷中混有的砂石、泥土、煤屑、铁钉、稻秆和杂草种子等多种杂质。第二步是砻谷，指的是剥除稻谷的外壳，让稻谷成为糙米的过程。第三步是碾米，前两步之后形成的净糙米表面的皮层含纤维较多，影响食用品质，碾米即将糙米的皮层碾除，成为大米。

## 作物分布与节约粮食

除了水稻外，白菜、苹果等也是人们日常生活中经常食用的食物，每种作物都有着适合自身生长的气候条件，因此会分布在不同的地区，一起来看看它们的分布区域吧。

在中国，苹果在山东、陕西、河北等地比较适合种植；橘子比较适合在广东和广西地区种植；梨的种植范围较广，环渤海、长江流域和西部地区均适合；“一骑红尘妃子笑，无人知是荔枝来”的荔枝在广东栽培最多，广西和福建次之；黄豆主要种植在东北三省、内蒙古和西北的部分地区；

而大白菜在各地都有普遍栽培，但华北地区和长江以南地区为主要产区；油菜也在南北各省均有栽培，以长江流域的栽培为广；辣椒的产地主要分布在河南、新疆、甘肃等北方地区，云南等南方地区也有种植。

**想一想**：我们在日常生活中有没有浪费食物呢?

不知道小朋友们有没有听过李绅写的《悯农》这首诗呢?

锄禾日当午，汗滴禾下土。

谁知盘中餐，粒粒皆辛苦。

这首诗的大意是：正午时分，头顶着炎炎烈日的农民正在为禾苗除草，颗颗汗珠洒落入禾苗下的泥土。又有谁知道那盘中美味的米饭，每一粒都包含着农民们的辛苦。

节约是中国的传统美德，《朱子家训》中就写道：一粥一饭，当思来之不易；半丝半缕，恒念物力维艰。然而，目前全球粮食浪费的现状依然严峻。联合国发布的《2021 年全球粮食危机报告》显示，2020 年在 55 个国家 / 地区至少有 1.55 亿人陷入“危机”级别或更为严重的突发粮食不安全状况，比上一年增加约 2000 万人。自《2017 年全球粮食危机报告》首次发布以来，突发粮食不安全问题一直在加剧，丝毫没有停息，这一趋势令人忧虑。中国科学院地理科学与资源研究所的科研人员根据一系列调查结果估算，特大城市的中小学生粮食浪费现象尤为严重。因此，我们需要从吃完餐桌上的饭菜开始，从自身做起，拒绝浪费，倡导“光盘行动”。

从自己生活的家、小区到城市，再到城市周围的自然环境，我们已经认识了生活中的许多事物，原本陌生的世界在眼前变得越来越熟悉，世间万物都变得亲切起来。除了身边存在的事物外，小朋友们对一些并不来源于自然界，属于人们智慧和灵感产物的发明创造感兴趣吗？如果你拥有一间自己的工作室，你想在里面做什么呢？

# 第四篇

# 我的工作室

# 第十章

# 趣味小操作

# 接 电 路

在我们的家中，每个电器都有着自己独立的线路，不同的电线把电流输送到不同的电器中，因此不同的开关可以分别控制不同的电器。现在请小朋友们分辨一下，电路的接法有几种，又是怎么进行连接的。

**想一想**：接电路时需要注意什么？

电路由电源、开关、连接导线和用电器四大部分组成。实际应用的电路比较复杂，因此，为了便于分析电路的实质，通常用符号表示组成电路的实际元件及其连接线，即画成电路图。其中导线和辅助设备合称为中间环节。接电路的方式主要分为串联和并联。

# 拼　齿　轮

在日常生活中我们较少接触齿轮，这是因为它们善于将自己“隐藏”起来，不过在一些镂空设计的机械表中还是能见到它们的身影的，“滴答滴答”的声音伴随着它们的每一齿的转动，清脆悦耳。

**想一想：**齿轮有什么特点？

齿轮是指轮缘上有齿能连续啮合传递运动和动力的机械元件，在一个圆饼状的金属周围均匀分布着啮齿。不管是中国还是西方国家，对齿轮的应用都比较早。我国东汉初年已有人制作齿轮，魏晋时期杜预发明的水转连磨就是通过齿轮将水轮的动力传递给石磨的。在西方，古希腊哲学家亚里士多德论述的《机械问题》中，就阐述了用青铜或铸铁齿轮传递旋转运动的问题。

# 磁力转盘

大家有见过指南针吗？一个小指针在罗盘里经过旋转后总会指向南方，是指路的好帮手。磁力转盘体现的就是指南针的原理，利用了磁铁的特性。

磁力转盘的原理是同性磁极相斥，异性磁极相吸，将转动逐级传递，以带动相应机械装置运动。小朋友们有没有想过，在日常生活中，为什么门吸、冰箱的门在压到一定距离后能自动合上？其实它们和这个转盘的转动一样，是利用磁力吸合的。

如果将地球想象成一块大磁铁，则地球的磁北极是指南极，磁南极则是指北极。因此将条形磁铁的中点用细线悬挂起来，静止的时候，它的两端会各指向地球南方和北方，指向北方的一端称为指北极或N极，指向南方的一端为指南极或S极。最早发现及使用磁铁的是中国人，指南针——中国四大发明之一，就是用磁铁制作的，早期的航海者已经会使用指南针来辨别海上方向了。

# 做　动　画

小朋友们知道动画片是如何制作的吗？其实从名字解释上看，动画就是“能动的画面”，是由一张张画面拼凑出来的，我们来深入探究一下吧。

**想一想**：为什么单幅的图片可以连接成动画？

25 000 年前的石器时代洞穴上的野牛奔跑分析图，是人类试图捕捉动作的最早证据，在一张图上把不同时间发生的动作画在一起，这种“同时进行”的概念间接反映了人类制作出“动”的绘画的欲望。

真正发展出使画上的图像动起来的功夫，还是在西方。1825 年英国人发明了“幻盘”。圆盘的一面画了一只鸟，另外一面画了一个空笼子，当圆盘被旋转时，鸟会在笼子里出现后又消失，然后再出现。

**动画的原理：视觉暂留**

动画是先把人物的表情、动作、变化等分解绘出一幅幅画面，再用摄影机拍摄成连续变化的图画。它的基本原理与电影、电视一样，都是视觉暂留原理。医学证明人类具有“视觉暂留”的特性，意思是人的眼睛在看到一幅画或一个物体后，看到的画面不会立即消失。利用这一原理，在一幅画还没有消失前播放下一幅画，就会给人造成一种流畅的变化效果。

## 走　马　灯

小朋友们可能在一些节假日中可以看到走马灯的身影，在明亮的灯光下，灯壁上的人物活灵活现，随着画面的流转诉说着一个个传统的民间故事。

正月十五元宵节，民间风俗要挂花灯，走马灯就是花灯中的一种，它的外形多为宫灯状，内用剪纸粘一圈，将绘好的图案粘贴在灯壁上，它上有平放的叶轮，下有燃烛或灯，热气上升带动叶轮旋转，使得走马灯上的画面可以旋转。宋朝就有走马灯，当时称“马骑灯”，因多在灯各个面上绘制古代武将骑马的图画，而灯转动时看起来好像几个人你追我赶一样，故名走马灯。

**走马灯小故事：《捡联获妻》**

传说古代一书生去赶考，晚上上街闲逛，见一员外门口的走马灯上有一联：“走马灯，灯走马，灯熄马停步。”显然是在等人对下联。书生看后，不禁拍手连称“好对！”他的意思是说这上联出得好。站在旁边的员外家人误以为书生的意思是容易对，立即禀告员外。这上联是员外女儿为择婿而出的，因此员外急忙出来找书生，书生却早已走了。

在科场上书生第一个交卷，主考官见他交卷快，想试他的才艺，就指着厅前的飞虎旗说：“飞虎旗，旗飞虎，旗卷虎藏身。”书生不假思索地用员外门前的“走马灯，灯走马，灯熄马停步”来对，对得自然又快又好，令主考官惊奇不已。书生回头想起员外家门前的那个走马灯，便到员外家应对。书生对上了主考官考他的句子，员外立即将女儿许配给他。

举行婚礼时报子来报：“大人高中，明日请赴琼林宴。”果真是“洞房花烛夜，金榜题名时”。书生捡来两联，上应主考，下获贤妻，一时传为美谈。

# 竹　蜻　蜓

不知道有多少小朋友看过动画片《哆啦A梦》呢？有没有注意过哆啦A梦头顶上的竹蜻蜓呢？那是它能够飞起来的工具，想想看，为什么旋转后竹蜻蜓就能够飞起来？

竹蜻蜓由竹竿和竹制的叶片两部分构成，因为形似蜻蜓得名。大家两手搓转竹竿，使叶片旋转，竹蜻蜓便会在空气的升力作用下飞上天。

这个精妙的小发明，最初只是孩子们手中的玩具。晋代葛洪所著的《抱朴子》一书有“飞车”的记载，被认为是关于竹蜻蜓的最早记载。到了20世纪30年代，德国人根据“竹蜻蜓”的形状和原理，发明了直升机的螺旋桨。目前螺旋桨已经在飞机、轮船上广泛使用。

**竹蜻蜓的原理**

当旋翼旋转时，旋转的叶片将空气向下推，形成一股强风，而空气也给竹蜻蜓一股向上的反作用升力。当升力大于竹蜻蜓自身的重力时，竹蜻蜓便可向上飞起。需要注意的是，竹蜻蜓的叶片和旋转面需要保持一定的角度，它才会得到空气的反作用升力而向上飞出。

# 发　射

生活中其实有很多发明都利用了物理特性，暗含物理知识，有待我们进一步去发现。

男生们可能都喜欢玩玩具枪，向往像警察一样守卫自己身边的朋友。我们能接触到的许多玩具枪其实是气步枪，子弹的发射利用了气压的原理。那么什么是气压？它在生活中有哪些应用？

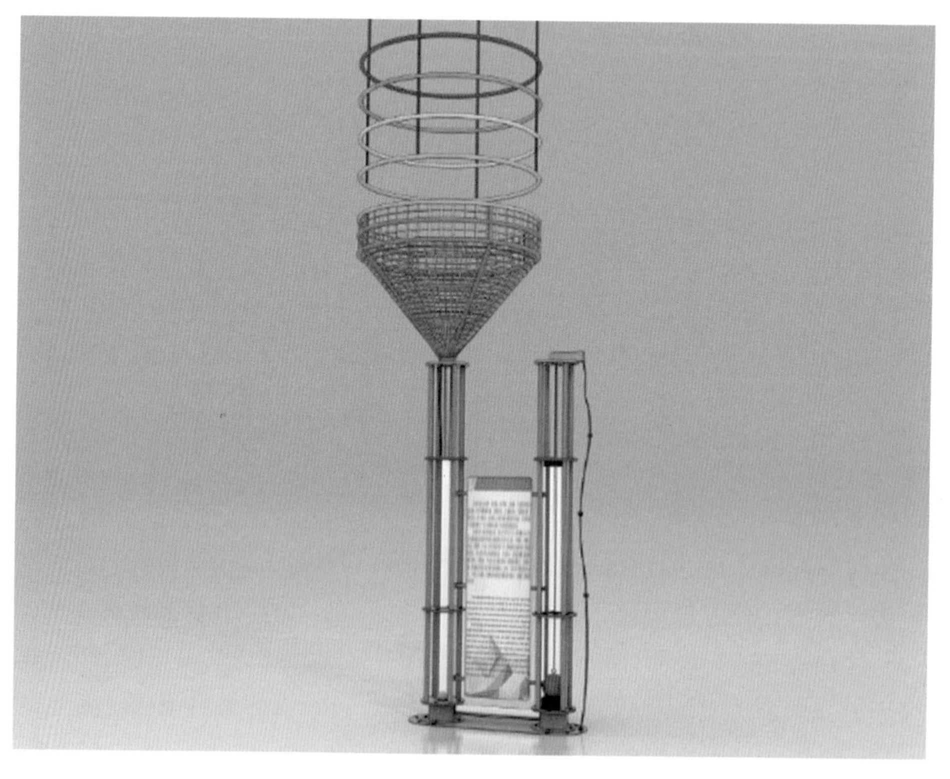

**想一想**：为什么下页图中保龄球高度不同，网球发射出去的气压也不同？

当保龄球从高处落下时，空气被压缩，从直径大的管道一端流向直径小的管道一端，由于空气体积变小，气压增大，空气对网球产生向上的压力，使网球向上运动。把保龄球拉得越高，流动的空气越多，产生的压力越大，网球就飞得越高。生活中，气枪、喷雾器等也是利用了这个原理。

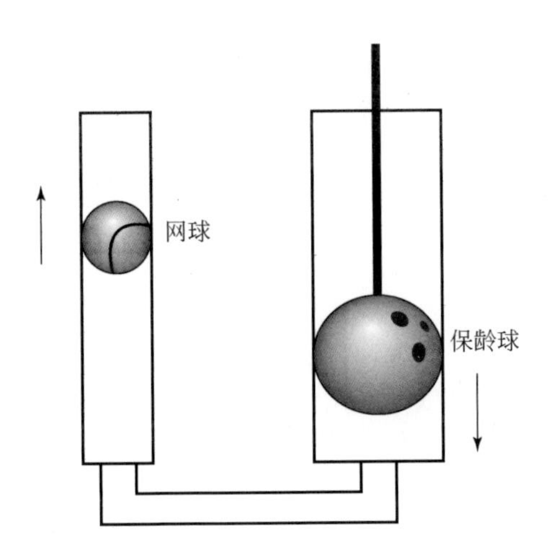


**气压的应用**

把带有吸盘的塑料挂钩压在很平的墙壁上，吸盘可以牢牢吸在墙壁上还能在上面继续挂东西；活塞式抽水机能把低处的水抽到高处；高压锅能很快地把食物煮烂；水盖上需要开一个小孔，水才容易倒出来；用吸管吸饮料；等等。这些都与大气压有关。

# 装　行　李

每次出门旅行前，父母都会花费时间收拾行李，每次都把行李箱装得满满当当的，小朋友们试过自己装行李吗？该如何在一个行李箱里尽可能装下更多的行李呢？

**想一想**：什么样的排列方式能够最大化地利用有限的空间？

日常生活中有些问题的解决有赖于人的空间想象力和思维能力，如怎样将行李顺利装入行李箱。如果是随意将行李放进行李箱，有可能无法将它们完全放进箱体，而合理的组合方式，才能将它们全部放进箱体。关于排列组合的神奇还有一个故事呢。

从前，在一处杳无人烟的深山中，一位大师带着一个小徒弟远离嘈杂的人世，想用心钻研宇宙间无穷的智慧。小徒弟长大后觉得自己已经懂得够多了，可以下山去开导世人，引导他们学习智慧的哲理了。

他向师父提出自己的想法，大师只是笑了笑，拿着平日汲水的水桶对他说："来，拿这个桶子去装满石头，只要能够装满你就可以下山了！"徒弟很快从周围捡了许多大石头，三两下便将水桶装满了石头并高兴地向师父回复，师父问道："已经装满了？"徒弟认真回答："是的，桶子再也装不下任何一颗石头了。"

大师笑着从身旁抓起一把小石头，从桶顶撒了下去，只见小石头很快地从大石头的缝隙间穿过落到了桶底。徒弟见状连忙七手八脚地抓起身边的碎石子，全往水桶中扔。待水桶内装满小石子后，徒弟又向大师报告。这次大师顺手抓起一把沙子，沙子从小石头的缝隙间流向桶底，徒弟也连忙跟着师父的动作卖力地想将水桶真正装满。最后，水桶中装满了大石头、小石头及沙子。

徒弟慎重地说："师父，这次真的再也装不下任何东西了，我可以下山了吧？"大师摇头不语，伸手舀了一瓢水从桶顶淋了下去，徒弟见到沙子迅速将水吸收，一滴也没有流出桶外。他若有所悟，自己也舀了一大瓢水从桶顶淋下去，依然没有半点水滴溢出桶外。但是大家想一想，如果我们把盛放的顺序变一下，先水后沙子再石头，这样的话，水桶就放不下如此之多的东西了。

# 第十一章

# 科 学 启 蒙

一项发明除了需要发明家深厚的科学知识储备和发散的思维外，也需要机遇和偶然事件的触发。让我们一起来看看这些发明家们是如何和他们的发明相遇的呢？

## 鲁班与锯

木匠们经常使用锯子来切割木头，大家知道锯子的原型是什么吗？一种山路上很常见、不小心还很容易划破皮肤的野草，和现在普遍使用的锯子有着什么样的联系？

古时候人们砍树木只能用斧头砍伐，效率非常低，工匠们每天起早贪黑，累得筋疲力尽也砍伐不了多少树木。鲁班是出色的木匠，传说有一天，他照常上山砍树，无意中觉得脚边一阵疼痛，低头一看自己的脚居然被划破了一道口子，而划伤他的只是路边的一株小野草。这让鲁班感到很惊奇，心想一根小草为什么会那么锋利？于是他摘下了一片叶子来细心观察，发现叶子两边长着许多小细齿，用手轻轻一摸，发现自己的手也感觉到一阵刺痛，这让鲁班陷入了沉思。他想，如果把砍伐木头的工具做成齿状，是不是砍树会容易很多呢？于是他做了一节带有许多小齿的竹片并拿到小树上去做试验，结果几下就把树皮拉破了，这让鲁班感到非常高兴。但是由于竹片比较软，不一会儿小齿断的断、钝的钝，鲁班想到或许铁片可以代替，于是他下山找铁匠帮忙制作带有小齿的铁片，然后到山上继续实践，不一会儿就把树锯断了，锯子就是这样被发明出来的。

鲁班造锯的故事告诉我们实践出真知，而创造来源于观察和想象。他通过观察“长着利齿的叶子”得到启发，并联想到“齿状的工具能很快地锯断树木”，有着丰富的想象力。我们也需要留意生活中许多不起眼的小事，勤于思考，增长智慧。

# 魔 术 贴

小朋友们穿的鞋子就有魔术贴的存在，为什么有些鞋子的绊带可以反复撕下并贴合还是可以很好地贴紧，然而布面与布面之间没有胶水，是如何做到反复贴合的呢?

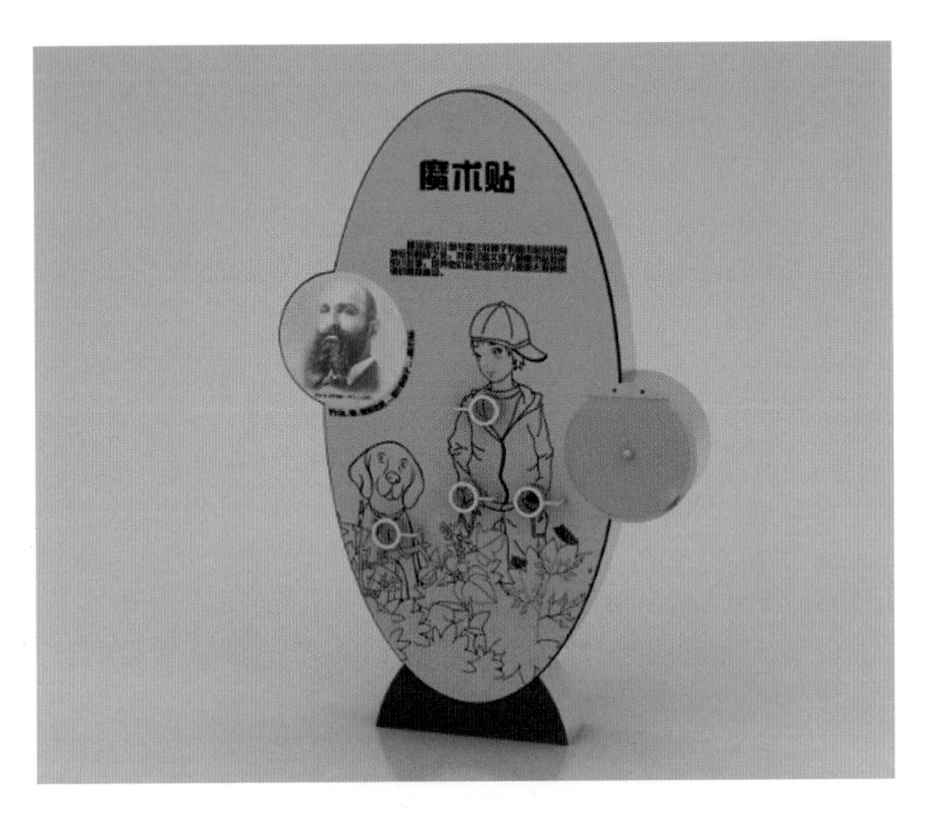


魔术贴是由瑞士一名工程师乔治·德·麦斯他勒（1907~1990 年）发明的。一次打猎回来后他发现针尾草粘在自己的衣服上。在使用显微镜观察后他发现，针尾草的果实有一种钩状的结构，使得它可以粘在织物上，因此，他得到了启发，发明了魔术贴。

## 魔术贴的结构

魔术贴由两条尼龙带组成，一条上面织满细软的纤维，另一条上布满带弹性的弯钩，粘上就牢、一拉就开，可以便捷、牢靠地固定衣物，是箱包服饰上常用的一种连接辅料。在受到一定外力的情况下，布满带弹性弯钩的尼龙带可以从细软的纤维上松掉而打开，然后又粘上，如此反复开合可达一万次之多。

## 瓦特与蒸汽机

小朋友们有观察过水在烧开后的表现吗？在水烧开后不仅能看到整个壶的震动，还能听到壶嘴的声响。一个“水烧开”的现象，引发了人类的第一次工业革命，小小的水壶为什么会有这么大的能力？

蒸汽机的改良标志着第一次工业革命的开始。蒸汽机的改良过程其实非常坎坷。它的改良者詹姆斯·瓦特1736年出生于英国。在他17岁的时候，他的母亲去世了，他父亲的生意开始走下坡路。为了补贴家用，瓦特选择到伦敦的一家仪表修理厂做徒工。1757年，格拉斯哥大学的教授提供给瓦特一个机会，让他在大学里开设了一间小修理店。在小店开业5年后，瓦特开始了对蒸汽机的实验。直到此时，瓦特也还从未亲眼见过一台可以运转的蒸汽机，但是他开始建造自己的蒸汽机模型。初步的实验失败了，但是他坚持继续实验并且阅读了所有他能找到的有关蒸汽机的材料。

1763年，瓦特得知格拉斯哥大学有一台蒸汽机，但是正在伦敦修理，他请求学校取回了这台蒸汽机并亲自进行了修理。修理后这台蒸汽机勉强可以工作，但是效率很低。在经过大量的实验，并且克服了资金不足和一系列在蒸汽机制作过程中的难关后，终于在1774年，瓦特将自己设计的蒸汽机投入生产。1785年后他改良的蒸汽机首先在纺织部门投入使用，并受到广泛欢迎。

## 拉　　链

拉链是我们在生活中常见的物件，在鞋包和衣服类物品中随处可见它们的身影，和扣子一样，成为打开与合起的巧妙用具，它和纽扣又有着怎样一段缘分？一起听听拉链的故事吧。

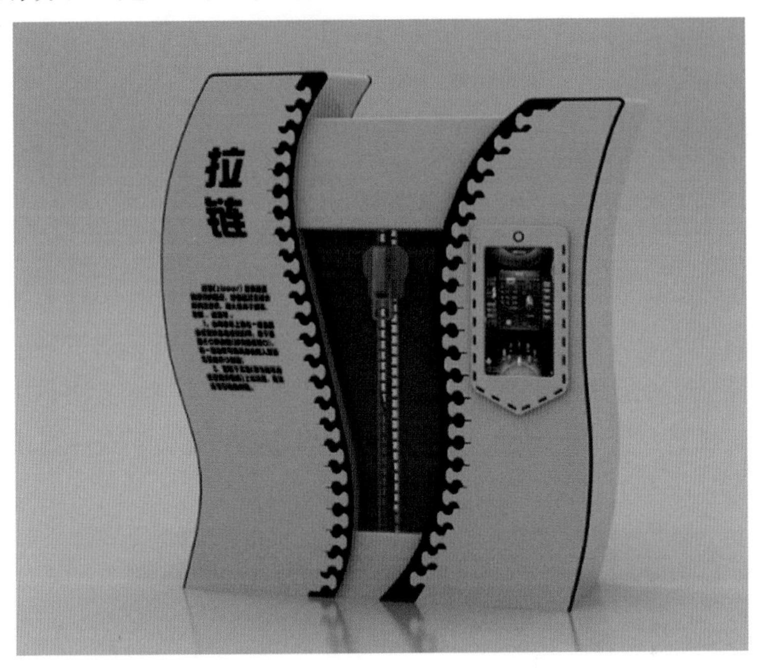


**关于拉链的小故事**

拉链是我们生活中一种小商品，但却对人类影响深远。看似平常又不起眼的小拉链聚集了非常多项专利，这在其他商品中是不多见的。今天的拉链无论是外观设计、内部结构，还是从产品性能与应用范围来看都已经远远地超过了人们对它的惯常想象。[7] 谁又能想到，拉链的出现起初只是为了解决人们穿脱长筒靴费时费劲的小问题。

在拉链发明前，人类主要是应用纽扣和紧固件来穿衣服和鞋子的，随着便于骑马的长筒靴问世，采用铁钩式扣件既笨重，穿脱又很不方便的问题凸显。19 世纪中期，美国、欧洲国家就出现了一些拉链的专利申请，但有的申请只有构思而从未实施过，有的申请实施了却未能商业化推广。

美籍瑞典发明家吉德昂•逊德巴克把钩子和扣环改成像齿轮一样的可交错咬合的链牙，而且在最前端和最末端的链牙处设计了限位挡头，使得拉链更加牢固。这种拉链和我们今天使用的拉链相差无几，逊德巴克给其取名为“泰龙”。1913 年，泰龙被用于军装，取代了军服纽扣，开始在全世界流行起来。而“zipper”这个名称到 1923 年才出现。当时美国古德里奇公司在其生产的雨靴上使用了拉链，因为拉链在开合时会发出“嗞嗞”的声音，于是就给它取了一个很形象的名字“zipper”。后来“zipper”就成了拉链的代名词。[8]

## “玩”出来的发明

根据上述了解我们会发现，其实许多发明的想法都是偶然产生的，保持一颗探索未知世界的好奇心，多玩多想，你也会有新的发明想法。大家可能没有想到，最早的眼镜、望远镜和显微镜的发明，是受生活中意外发现的启示！

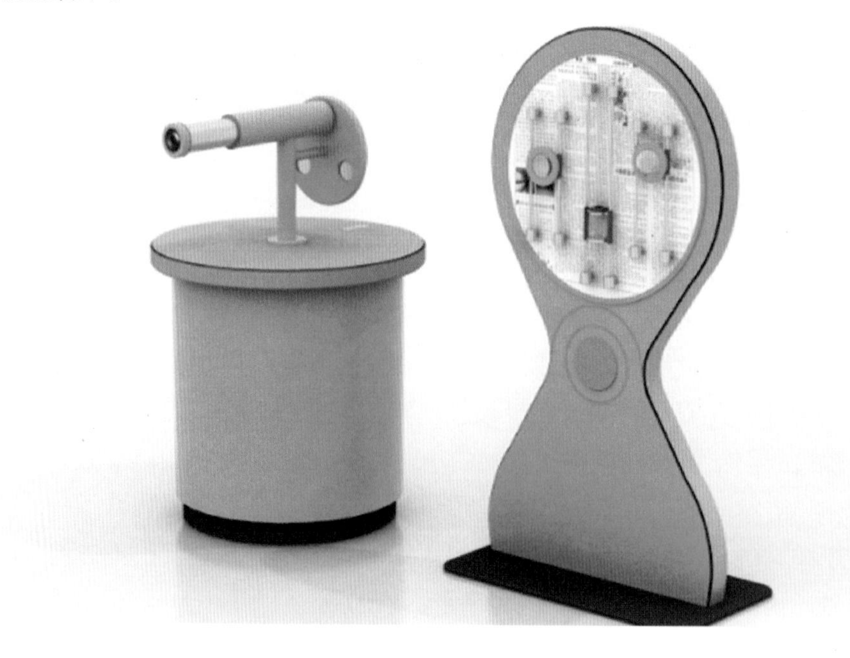

**1. 眼镜的发明**

13 世纪中期，英国学者培根透过蜘蛛网上的雨珠，发现树叶的叶脉被放大了不少，连树叶上细细的毛都能看得见。他受到启发后，用木片嵌入玻璃球片制作出最早的眼镜。我国在明朝中期就出现了眼镜，那时已有西方的眼镜经过西域或南洋传入我国的记载。

**2. 望远镜的发明**

在明代，望远镜又被称为“远镜”“千里镜”等。中国制造望远镜当以薄珏为先驱。《启祯野乘•薄文学传》中记载，“崇祯四年，流寇犯安庆，中丞张国维礼聘公，为造铜炮……每置一炮，即设千里镜，以侦贼之远近。镜筒两端嵌玻璃，望四五十里外如咫尺也。”薄珏最大的成就要数独立发明开普勒式望远镜，并将望远镜应用于大炮，这也是他被称为将望远镜应用于军事的第一人的原因。[9]

**3. 显微镜的发现**

显微镜一词源于希腊文，直译就是“小型观察器”。它使人们看到了许多用肉眼无法看见的微小生物和生物体中的微细结构，打开了认识微观世界的大门。

显微镜的发明者列文虎克于 1632 年出生于荷兰，他少年丧父，家境贫寒，16 岁在一家杂货店做学徒。他从没有接受过正规的科学训练，但是对一切的新奇事物都充满了强烈的兴趣。一天，他听说隔壁眼镜店里能磨制出可以放大东西的镜片，但是因为价格太高而买不起，他只好一有空就去眼镜店看工匠们磨制镜片，并暗暗学习磨制镜片的技术。后来他拜一位老工匠为师，虚心学习，终于磨出了两块光亮精巧的透镜。他把镜片叠起来看一根鸡毛，发现被放大了的鸡绒毛像树枝一样排列在羽轴上。后来，列文虎克又投入了许多时间精心磨制透镜并设计出了简易显微镜，他制作出来的显微镜放大倍数也从 40 倍增加到了 300 倍左右。

## 参考文献

[1] 中国营养学会 . 中国学龄儿童膳食指南（2022）[M]. 北京 : 人民卫生出版社 , 2022.

[2] 邓章应 , 李俊娜 . 对象形文字和图画文字的认识历程 [J]. 中国海洋大学学报（社会科学版）, 2012(1): 110-113.

[3] 斯坦顿 . 沟通圣经 : 听说读写全方位沟通技巧 : 第 5 版 [M]. 1 版 . 罗慕谦 , 译 . 北京 : 北京联合出版公司 , 2015.

[4] 乔颖 . 团队合作让人变聪明 [N/OL].2012-04-28[2022-07-15].https://epaper.gmw.cn/wzb/html/2012-04/28/nw.D110000wzb_20120428_7-03.htm.

[5] 李凯 , 朱建青 , 谷宇 , 等. 中国蝴蝶生活史图鉴 [M]. 重庆 : 重庆大学出版社 , 2019.

[6] 杨天林 . 自然的故事 [M]. 北京 : 科学出版社 , 2018.

[7] 鹿莹 . 拉链的功能与元素应用的可能性 [D]. 北京 : 中央美术学院 , 2018.

[8] 佚名 . 不想扣扣子 : 拉链的发明 [J]. 发明时光机 , 2020(10): 16-17.

[9] 钱振华 , 崔馨 . 中国光学近代化进程考察 : 以薄珏望远镜发明过程为例 [J]. 北京科技大学学报（社会科学版）, 2016, 32(6): 31-39.